我们内心的冲突

WOMEN NEIXIN DE CHONGTU

[美] 卡伦·霍妮 著
倪彩 编译

中国纺织出版社

内 容 提 要

每个人都渴望健康成长，都愿意成为更好的人。学会面对内心的孤独、疯狂和迷失，重建人生自信，才能找到内在的安宁。本书通过对病人和自身心理的剖析，讨论了人内心主要的冲突类型以及各种外在的表现形式，分析并归纳了各种相互矛盾的态度和倾向，以及被冲突困扰的人在尝试解决冲突时遭遇的失败情形，最终从心理治疗的角度提出了切实可行的建议。

图书在版编目（CIP）数据

我们内心的冲突 /（美）卡伦·霍妮著；倪彩编译．—北京：中国纺织出版社，2018.1（2024.10 重印）

ISBN 978-7-5180-4152-7

Ⅰ.①我…　Ⅱ.①卡…　②倪…　Ⅲ.①精神分析　Ⅳ.① B84-065

中国版本图书馆 CIP 数据核字（2017）第 245632 号

责任编辑：郝珊珊　　责任校对：高　涵　　责任印制：储志伟

中国纺织出版社出版发行

地址：北京市朝阳区百子湾东里 A407 号楼　邮政编码：100124

销售电话：010—67004422　传真：010—87155801

http://www.c-textilep. com

中国纺织出版社天猫旗舰店

官方微博 http://weibo.com/2119887771

鸿鹄（唐山）印务有限公司印刷　各地新华书店经销

2018 年 1 月第 1 版　2024 年 10 月第 7 次印刷

开本：710 × 1000　1/16　印张：13

字数：114 千字　定价：59.80 元

作者序

这本书致力于推动精神分析的发展，书中的部分内容源自我对患者和自己进行分析之后得到的结果。尽管书中的理论孕育了很长时间，但直到我在美国精神分析研究所的支持下着手准备一系列演讲时，我的这些观点才最终成型。我的第一个演讲题目是《精神分析技术问题》，主要围绕精神分析的技术层面展开。我的第二个演讲题目是《人格的整合》，其中包含了这本书的内容，还有在专科医学院和精神分析推进学会上讲过的一些主题，如“精神分析疗法的人格整合”“疏离心理学”以及他们需要我们给予的帮助。虽然严重的神经症需要专家来解决，但我认为在我们的坚持和努力下，我们也能够帮助自己解决内心的冲突。

我要感谢我的患者们，他们与我一起工作，让我更好地理解神经症。我也要感谢我的同事们，是他们的兴趣和热情鼓舞了我。这些同事中，有的是学术背景资深的人物，有的是正在接受研究所培训的年轻同事，他们批判性的讨论给了我很大的启迪和帮助。

我还想提一下三位精神分析领域之外的人，他们在我的工作过程中，用特殊的方式给了我支持。第一位是埃尔文·约翰逊，他给了我在新社会研究院发表自己观点的机会，要知道，那个时候只有弗洛伊德的经典精神分析才是唯一被认可的精神分析理论与实践的流派。我还要感谢社会研究新学院哲学与人文系的主任克拉拉·梅耶，多年来他一直关注着我的工作，还鼓励我把所有在分析工作中得到的新观点和新发现拿出来，和他们一起分享讨论。我要提到的第三个人，就是我在对本书进行修改时，给我提出诸多有效建议的出版人诺顿先生。最后且同样重要的，我想向米纳特·库恩表示感谢，感谢他帮我更好地组织材料，让我能够更加清晰地表达出自己的观点。

卡伦·霍妮

引　言

在对神经症进行研究时，无论我们的出发点是什么，过程如何曲折，最终我们都会认识到，人格紊乱与失调是神经症的源头。事实上，几乎所有其他的心理学发现都包括这一内容，可以说这是一个再发现。各个时代的诗人和哲学家都知道，内心平静、头脑清醒的人很少会患上精神疾病，往往都是那些被内心冲突折磨的人，才容易沦为精神紊乱的受害者。用现代理论来说，每一种神经症，不管它的表现是什么，都是性格神经症。为此，我们在理论和实践中，更应当努力地了解神经症的性格结构。

事实上，弗洛伊德的起源理论很贴近这个观点，只是他没能把这个观点更清晰地表达出来。后来，有些学者继承并发展了弗洛伊德的研究，特别是弗朗茨·亚历山大、奥托·兰克、威尔海姆·赖希和哈罗德·舒兹汉克，他们更清晰明确地界定了这个概念。不过，他们对于性格结构的确切本质和诱发动因的问题，并没有达成一致。

我和他们的研究基础不太一样。我认为神经症和文化因素有一定的关系，这是我对弗洛伊德的女性心理的假设进行研究后产生的想法。通常，我们都认为男人是阳刚的，女人是阴柔的，但这恰恰是文化因素对我们产生的影响。弗洛伊德正是因为没有考虑到这一因素，才得出了一些错误的结论。我花费了 15 年的时间来研究这一课题，并跟埃里希·弗洛姆一起共事过，他在社会学和精神分析学方面知识渊博，这也让我愈发注意到，社会因素的意义绝不只是停留在女性心理学上。1932 年，我来到美国，更加印证了自己的观点。我发现，这个国家的人，和我在欧洲国家看到的人，在态度和神经症的诸多方面都有差异。唯一能够解释这一现象的，就是文化差异。最后，我把我的观点发表在了《我们时代的神经症人格》这本书中，主要探讨神经症源自文化因素，具体来说，就是人际关系的混乱和缺失，是导致神经症的根本原因。

在我完成《我们时代的神经症人格》这本书之前的几年里，我一直把研究的重点放在神经症的内驱力上。弗洛伊德第一个指出，内驱力是一种强迫性动力，他认为这些动力从本质上来说是一种本能，目的在于得到满足和不能忍受失败的心理。因此，他认为内驱力作用于所有人，而不只是神经症患者。可是，如果神经症是失调的人际关系的产物，那么弗洛伊德的这种假设是不能成立的。简单来说，我的观点是这样的：强迫性的动力是神经症所特有的动力；它们是患者从孤单、失望、害怕、敌视等感觉中，得到的面对生活的方法；能否得到满足不重要，重要的是安全感；它们之所以有强迫性的特征，是因为背后藏着焦虑。我在《我们时代的神经症人格》一书中，详细探讨过对感情和权利这两种驱力的异常需求。

虽然我内心铭记弗洛伊德学说中最基本的原理，但那时我知道，自己在这方面的探索已经和弗洛伊德背道而驰。如果按照弗洛伊德所说，本能都是由文化决定的，那些叫作“力比多”的东西都是因为想在与别人交往时得到安全感而产生的忧虑，所引起的对情感的异常需求，那么力比多的理论就是不成立的。童年经历固然重要，但应该从不同于弗洛伊德的理论来看待它对我们生活的影响，这样就会产生很多不同的理论。为此，我觉得有必要明确地表达出我的观点和弗洛伊德观点的不同之处，所以后来我出版了《精神分析新法》一书。

在此期间，我继续研究神经症的驱动力。我把强迫性内驱力称为神经症倾向，并在随后出版的书中描述了10种这样的倾向。那个时候，我已经意识到神经症性格结构的重要意义。当时，我把这种结构视为多种相互作用的微观世界形成的宏观世界，每个微观世界的中心就是一种神经症倾向。这个神经症理论有重要的实践意义，那就是如果精神分析不是把我们当前遇到的困难和过去的经历联系起来，而是用于理解我们现有人格中各种因素的相互作用，那么只需要专家的一点点帮助，甚至无须专家的帮助，我们也完全能认识和改变自己。当前的情形是，人们对精神分析疗法有着广泛的需求，但真正能够获得帮助的却是凤毛麟角。从这一角度来说，自我分析让我们能够满足这个至关重要的需求。因为那本书中的多数内容都在讨论自我分析的可能性以及局限性和方法，所以我把它命名为《自我分析》。

不过，我并不是特别满意自己对个体倾向的阐释。虽然我对这些倾向本身已经有准确的描述，可我依然担心自己只是简单罗列了它们的独立形态。我能够看到，爱的神经症需要强迫性谦卑和一个形影不离的“同伴”，但我并没有看到，这些个体倾向结合起来就代表着对他人和自己的一种基本需求，以及一套特定的生活哲学。我现在将这种倾向称为“亲近他人”。我还看到，强迫性追求权力和名望与神经症野心之间有共同之处，它们大致构成了某些因素，这些因素被我称为“对抗他人”。虽然追求完美以及渴望赞美，都有神经症倾向的特征，也影响了神经症与他人的关系，但最主要的影响似乎还是他与自己的关系。同样，剥削需要看起来不如爱或权力需要那么重要和广泛，就好像它不是一个单独的实体，而更像是从一个大的整体上取下来的小碎片。

事实证明，我的疑问是有道理的。在后续的几年里，我把研究的焦点致力于冲突在神经症的作用上。在《我们时代的神经症人格》一书中，我提到神经症是通过矛盾神经症倾向的冲撞而出现的；在《自我分析》一书中，我又提到，神经症倾向不仅彼此加剧，还会制造冲突。弗洛伊德意识到了内心冲突的意义，但他将其视为被压抑和正在压抑的动力之间的较量。我注意到的冲突与之不同，它们作用于两组矛盾的神经症倾向之间，虽然它们最初是患者对他人的矛盾态度，但随着时间的推移，它们最终还是会包含患者对自己的矛盾态度、矛盾品质和矛盾价值观。

越来越多的现象让我意识到了冲突的重要性。最初对我冲击最大的是患者对他们内心的矛盾一无所知，当我为他们指出这些矛盾时，他们感觉莫名其妙，甚至毫无兴趣。经历了多次这样的情形后，我意识到，他们的莫名其妙实则是对于处理这些矛盾的一种反感。最后，当他们突然意识到冲突后，就变得惶恐不安。他们的这种反应让我明白，我正在玩“炸药”，他们有充分的理由回避这些冲突，他们担心这些“炸药”会把他们撕成碎片。

后来，我开始意识到，患者投入了大量的精力和智力尝试“解决”冲突，但这种努力是看不到希望的。确切地说，这是一种否认冲突的存在并制造虚假和谐的努力。为了“解决”冲突，患者们主要做了四种尝试。

第一种尝试是，掩盖一部分冲突，让它们的对立面占据主导地位。

第二种尝试是，疏远他人。现在我们对于神经症性疏离，也就是孤独的功能，有了全新的认识。孤独是基本冲突的一部分，是一种对待他人的最初的矛盾态度，同时它也是一种解决途径，因为它使得自我和他人之间保持一段情感距离，让冲突无法发挥作用。

第三种尝试有点特殊，它不是疏远他人，而是远离自己。他的整个现实自我对他来说，变得有些不真实，于是他创建了一个理想化的自我形象来取代真实的自我形象。在这个理想的形象中，冲突的各个部分都被美化了，因而冲突不再表现为冲突，而是成了丰富人格中的不同组成部分。这些尝试帮我们解释了之前很多不能理解也无法分析的神经症问题，也把之前无法归类的两种神经症倾向进行了归类。对完美的追求，表现为要努力达到理想自我的标准；对赞美的追求，被视为患者需要外部的肯定，让其确定自己真的是他那个理想化意象，这种意象与现实的差距越大，对赞美的需求就越难得到满足。在所有解决冲突的尝试中，这种理想化意象是最重要的，因为它影响着整个人格。不过，它转而制造了一条新的内心裂痕，因此需要更进一步修补。

第四种尝试，主要是消除这一裂痕，尽管它曾经悄无声息地掩盖了其他冲突。通过我说的外化作用，患者会认为内心的活动是发生在自我之外的事件。如果理想化意象意味着远离现实自我，那么外化依然是一种激进的分裂方式。换而言之，它又制造了新的冲突，也就是进一步放大了原来的冲突，特别是自我和外界之间的冲突。

上述是我列举的患者为“解决”冲突而做的四种尝试，一部分是因为它们有规律地在神经症中发挥着不同程度的作用，另一部分是因为它们造成了人格的深刻变化。但是，它们不是唯一的因素，还有其他不太有普遍意义的方法，如绝对正确，主要是消除内部疑虑；刻板地自我控制，是通过纯粹的意志力把破裂的个体连在一起；愤世嫉俗，通过诋毁所有的价值观，消除与理想有关的冲突。

同时，我逐渐看清了这些未解决的冲突的后果，如各种各样的恐惧、精力的浪费、对道德和操守不可避免的损害、由于感情纠葛而产生的深深的绝望。直到我理解患者完全丧失希望的状态后，我才注意到施虐倾向。现在我知道，它是一个对自己感到绝望的人，通过替代性生活来补偿的尝试手段。这样的人对于报复性的胜利有着无休止的欲望，他们会全身心地投入到施虐倾向中。为此，我开始明白，破坏性剥削需要不是一种独立的神经症倾向，而是某个更全面广泛的整体的一种表达方式。我们暂时无法用更精准的术语来描述这一群体，也就将其称之为施虐狂。

就这样，一种神经症理论出现了，它的动力中心是亲近他人、对抗他人和远离他人这三种态度之间的基本冲突。患者一方面担心自己人格分裂，另一方面又需要维持自身的完整功能，因此就开始不顾一切地努力解决冲突。虽然他可以制造一种伪平衡来解决这些冲突，但新的冲突又会不断产生，持续不断地需要进一步的补救措施来消除它们。这种维系统一性的努力，让神经症患者变得更有敌意、更加绝望、更加恐惧、更加疏远自己和他人，导致病情不断加重，很难真正地解决冲突。到最后，患者会变得绝望，继而在施虐行为中寻求补偿，而这种做法无疑又增加了他们的绝望，产生了新的冲突。

这就是神经症的发展和神经症人格结构的悲惨状况。既然如此，我为什么还要把我的理论称之为一种建设性的理论呢？首先，我的理论消除了不切实际的乐观，这种乐观让我们误以为只需要简单的手段就能治愈神经症。我之所以认为它有建设性，是因为它使我们能在第一时间处理并消除神经症绝望，还因为它虽然承认神经症纠葛的严重性，但还是提出了积极的、乐观的观点，不仅能缓和潜在的冲突，还能在实践中真正地解决这些冲突，帮助我们为整合人格而努力。神经症冲突无法靠理性的决策来解决，患者们的那些解决方式不仅可能是无效的，甚至还是有害的。但是，这种冲突可以通过改变人格中促成冲突的状态而获得解决。每一次分析工作都能很好地改变这些条件，它能让人变得不那么无助、恐惧、充满敌意，也不再那么疏远自己和他人。

弗洛伊德之所以对神经症治疗持有悲观主义，在于他不相信人性的善良和成长。他认为，人注定是要受苦和被毁灭的，人的驱动本能只能被控制，至多是“升华”。而我认为，人既能够也渴望发展自己的潜力，成为一个优秀的人。但是，如果他与自己、与他人的关系不断受到干扰，他的潜能就可能会丧失。我相信，人只要活着，就能够不断地改变。随着对神经症更深入的了解，我的这一信念也变得愈发坚定。

目录

contents

第二部分 103

未解决冲突的后果

第一部分

神经症冲突和解决途径

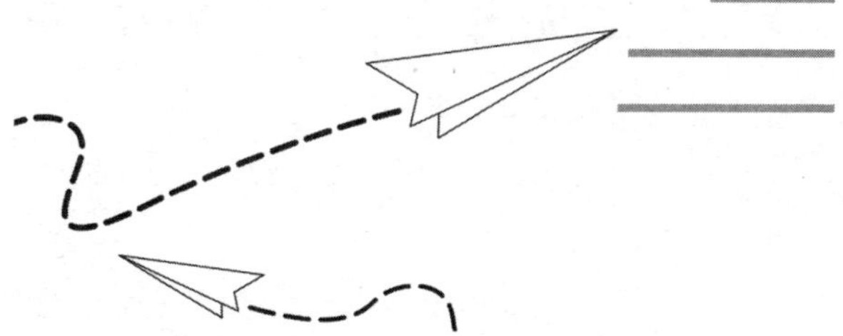

○→ 第一章　神经症冲突的辛酸

首先，我要说明一点：有冲突并不意味着患了神经症。总有一些时刻，我们的愿望、兴趣和信念会跟周围的人发生碰撞。就像我们经常与环境发生冲突一样，我们内心的冲突也是生命中不可或缺的一部分。

动物的行为，如交配、养育后代、觅食、防御危险等大都取决于本能，有明确的规则，并超越个体抉择。人和动物不一样，人有能力做选择，也不得不作决定，这既是人类的特权，也是人类的负担。有时，我们必须要在两个相反的欲望中作出取舍，如渴望独处，又渴望有人陪伴；既想要学音乐，又想要学医。或者，我们的欲望和义务之间也存在冲突，当有人遇到困难需要我们帮助时，我们可能想跟爱人在一起；我们可能左右为难，既想跟他人保持一致，又觉得应当表达自己的不同看法。最后，我们还可能陷入两种不同的价值观的冲突中摇摆不定，比如在战争时期，认为参军是一种义务，但同时又觉得应当留下来照顾家庭。

这种冲突的类型、范围和强度，很大程度上由我们所生活的文化环境决定。如果这种文化是稳定的，恪守传统，那么可能出现的选择种类会很悠闲，个体所产生的冲突也不会太多。可即便如此，冲突依然存在：忠孝不能两全；个人期望和集体利益相矛盾。如果这种文化处于快速变迁的阶段，就还有高度矛盾的价值观和变化多端的生活方式，个体必须做的抉择也是多种多样的，且非常困难。他可以随波逐流，也可以特立独行；他可以广泛交际，他也可以独自隐居；他可以追求成功，也可以对成功嗤之以鼻；他可以严格教育孩子，也可以让他们自由自在地成长；他可以相信衡量男女的道德标准不同，也可以认为应当一视同仁；他可以把性关系视为人类亲密关系的表达，也可以认为完全与爱无关；他可以鼓励种族歧视，也可以坚持人类价值超越肤色的立场。

毫无疑问，生活在这样的文化中，我们必须经常面对这样的选择，也能预料到这些冲突是不可避免的。可令人惊讶的是，多数人并没有意识到这些冲突，更没想过用有效的方法解决它。他们多半随波逐流，经常被意外的事件所左右，不知道自己的立场是什么，也不知道自己在妥协，更不知道自己陷入了矛盾中。在这里，我所指的是没有神经症的正常人。

要意识到矛盾的存在，并在此基础上作出选择，是需要前提条件的。那就是，我们必须明白自己的愿望是什么，还要明白自己的感受是什么。我们是真的喜欢这个人，还是以为自己喜欢这个人？我们是真的为父母的离世而悲伤，还是惯性地表达自己的感情？我们是真的希望成为一名律师或医生，还是因为这种职业受人尊重并能获得高收入？我们是真的希望孩子幸福、独立，还是嘴上随便说说？这些问题看似简单，但其实很难回答。换而言之，多数人根本不知道自己真实的感受和需要。

冲突总是跟信念、信仰和道德价值息息相关，我们必须建立一套属于自己的价值观，才能够真正地认识到这些冲突。从他人那里得到的价值观并不是我们自己的认知，也不足以导致冲突，更难以指导我们作出决策。当我们受到新的观念影响时，这些观念就很容易被摒弃，被新的观念所取代。如果我们只是单纯地接受别人的价值观，并拿过来当成自己的，那么关系到我们自身利益的冲突就不会出现了。举个例子，如果一个儿子从不怀疑心胸狭隘的父亲，当父亲让他做一项他不喜欢的职业时，他的内心不会有什么冲突；当一个已婚的男子爱上了另一个女人时，他已经陷入了冲突，当无法确定自己的婚姻信念时，他就会干脆选择一条省事的解决之道，而不是面对冲突并作出选择。

就算认识到了这样的冲突，我们也必须选择或放弃相互矛盾的两个问题中的一个。可惜，很少有人能够清醒理智地自觉地放弃，因为我们的情感和信念是混在一起的。说到底，还是因为大多数人没有足够的安全感和幸福感，做不到坦然放弃。

一个人作出抉择的前提条件，是他愿意并有能力对自己的决定负责，这其中包括要承担作出错误决定的风险，并愿意承受后果而不推托给他人。这里面包括“这是我的选择，这是我做的事”的感受，以及要比现在很多人拥有更多的内部力量和独立性。

无论承认与否，大多数人都被冲突捆住了手脚，所以我们经常会羡慕和嫉妒那些似乎一帆风顺、不被冲突干扰的人。这种羡慕是情有可原的。也许那些内心强大的人建立了自己的一套价值观，或随着时间的推移，冲突的影响已经不那么明显，作决定已经不那么迫切，他们因而获得了一种宁静。但是，表面的平静容易迷惑人，更多的时候，那些让我们羡慕的人，因为冷漠、顺从或投机，并没有能力真正去面对冲突，或是靠着自己的信念去解决冲突，他们只是随波逐流，或是用一些手段得到了一些实惠而已。

有意识地去体验冲突，往往会给人带来痛苦，但这也是一种难能可贵的能力。我们越是去面对冲突，寻求解决的途径，内心就越能获得强大的力量。只有愿意承受打击，才能掌控自己的命运。那些看似安宁而实则麻木的虚假冷静，根本不值得羡慕，它只会让我们陷入软弱之中，而不敢面对现实。

当冲突和生活的基本问题相关时，要面对和解决它就更困难了。但是，只要我们还活着，就没有理由去逃避。**教育能够从很大程度上帮助我们认识自我、发展自我、树立信念。当认识到与选择相关的各种因素的重要性之后，我们就会找到奋斗的目标和人生的方向。**

对于神经症患者来说，认识和解决冲突更是难上加难。有一点要说明，神经症通常是一个程度的问题，我所说的神经症患者是指那些已经达到病态程度的人，他对自己的情感和欲望的意识已经衰退了，只有当他人攻击到他的弱点时，他才会有意识地、明确地体验到恐惧和愤怒。即便如此，他的这些感受还可能被压抑下去。这种类型的神经症患者，深受强迫性标准的影响，失去了识别和决定方向的能力。在强迫性倾向的控制下，他们丧失了放弃的能力，更不用说为自己承担责任的能力了。

神经症冲突所涉及的问题，也是困扰正常的人普遍性问题，只是这些问题的种类截然不同，于是有人会质疑：能否用相同的词语来表达？我认为是可以的，但我们必须知道两者的差别所在。那么，神经症冲突的特点是什么呢？

举个简单的例子。一个和他人合作研究机械设计的工程师，经常被阵发性疲劳和烦躁折磨，其中有一次是由下面的事件引起的：在讨论某个技术问题的时候，他的观点没有被采纳，而同事的观点得到了大家的认可。不久之后，大家又在他缺席的情况下作出了决议，之后也没有给他表达意见的机会。在这种情形下，他本来可以以程序不公平为由，据理力争；亦或者可以毫无怨言地服从大多数人的决定，这两种都是协调性反应，可是他没有这样做。他内心感觉自己被忽视，但没有作出反抗，他只是感到愤怒，而且这种愤怒只出现在他的梦中。这种被压抑的愤怒，既有对他人的愤怒，也有对自己懦弱的愤怒，这就是他感到疲劳和烦恼的主要原因。

这位工程师之所以没有作出协调性反应，是多方面因素导致的。他给自己建立了一个伟大的意象，这个意象需要别人的尊重来支撑。那个时候，他是无意识的，一直把“在这个专业领域，我的聪明才智是没有人能比的”这种想法作为行动出发点，所以任何对他的轻蔑都会因为触碰这一“底线”而引起他的愤怒。不仅如此，他还有无意识的施虐倾向，想指责和羞辱他人，他很不喜欢这种态度，所以就用友善来掩盖了。此外，他的无意识内驱力，也就是为了达到利己目的而想要利用他人，所以他必须在他人面前保持良好的风度。再者，对情感和赞美的强迫性需要，加之他的迁就、忍让和顺从的态度，更加剧了他对他人的依赖。就这样，冲突产生了，一方面是具有破坏性的攻击反应，即愤怒和施虐的冲动；另一方面是对爱和认可的需求，他希望这些东西能在自己眼里表现得正当合理。结果就是，虽然外人看不出他内心的动荡，但他的疲劳和打不起精神的状态却呈现得淋漓尽致。

观察到这个冲突中所涉及的各种因素时，我们先是惊讶于它们的完全不相容性，既颐指气使地要求别人尊重自己，又要讨好和迎合他人，这简直是最为极端的对立。其次，工程师对于整个冲突完全是无意识的，他没有意识到在冲突中起作用的矛盾倾向，这些矛盾倾向被深深地压抑了。他内心的纠结只有一点点外在的表现，情绪也很理智：我的方案比他们的好，他们那样做是不公平的，是无视我的存在。最后，冲突的两种倾向都是强迫性的，即使他在理智上感觉自己的要求过分，以及对他人存在依赖，但他依然无力改变。想要改变它们，需要大量的分析工作，而他受到了两方面强制性动力的夹击，失去了控制：他不可能放弃任何一种需要，这些需要都是迫切的心理需要。可是，没有哪一种需要是他真心需要的，他不想剥削，也不想顺从，他内心是鄙视这些倾向的。可见，这个例子是有深刻意义的，它加深了我们对神经症冲突的了解，它意味着任何决定都是不可行的。

另一个例子也是如此。一个自由职业设计师，从好朋友那里偷了一些钱。他的偷窃行为难以被人理解：他的确需要钱，而他的朋友也愿意借给他，以前有过类似的情形。更何况，他是一个特别注重友谊的正人君子。

为什么会发生这样的事情呢？它的根本冲突在于，这个设计师对于爱有冥想的病态需要，尤其是渴望在所有问题上得到他人的照顾，其中也混合着一种无意识的倾向，即想利用他人得到好处，所以他就选择了这样低劣的手段，既想得到他人的情感，又想让自己处于支配的地位。前一种倾向本来会让他愿意接受帮助，但他脆弱的自尊不允许他这样做。他认为，别人应该对为他服务感到荣幸，而开口向他人求助对他来说是一种侮辱。他厌恶被迫地提出要求，对于独立和自给自足的强烈渴望，让他更加反感求助他人，这让他无法承认自己的任何需求，也无法忍受把自己置于义务之下。因此，他只能索取，不能接受。

显然，这里的冲突内容不同于第一个案例，但其基本特征是一样的。其他神经症冲突的例子，也都表现出冲突动力的不相容性，以及它们的无意识性和强迫性本质。正因为此，神经症患者不可能自己解决冲突。

如果非要给正常人和神经症患者之间划一条界线，那么两者最大的区别在于：正常人冲突的两种倾向的悬殊远远小于神经症患者。正常人必须在两种行为模式之间做选择，任何一种模式在相当整合的人格框架中都是合情合理的。用图形来说，正常人冲突的两种倾向之间的夹角只偏离 90 度或更小，而神经症患者的夹角可能达到 180 度。

从意识上来说，两者之间也存在差异。就如索伦·克尔凯郭尔所言：“真实的生活太多元化了，以至于不能仅靠展示诸如完全有意识和完全无意识的绝望这样的抽象对比来描绘。”然而，我们可以这样理解：

正常范围内的冲突可以是有意识的，而神经症冲突究其主要因素来说，通常都是无意识的。尽管一个正常人可能没有意识到自己的冲突，但只需要一点点帮助，他就能够认识到冲突。可是，当这些产生神经症冲突的基本倾向被深深压抑的时候，就必须克服巨大的阻力，才能意识到冲突的存在。

正常的冲突是在两种可能性之间作出选择，两种可能性都是他希望得到的；或者是在两种信念中作出选择，两种信念都是他所珍视的。对他来说，他有可能作出一个合理的抉择，虽然很难，甚至需要有所舍弃。**陷入冲突中的神经症患者，没有办法自由抉择，他受到两股方向相反的强制力的作用，这两个方向他都不愿意跟随，所以很难作出通常意义上的选择。他停留在原地，找不到方向，只有通过处理相关的神经症倾向，才有可能消除这种冲突；只有通过激励改善他和自己、和他人之间的关系，才能帮助他摆脱这些倾向。**

就是因为上述的这些特征，让神经症冲突变得如此尖锐。它们不仅难以识别，容易令人感到绝望，还会产生让当事人感到恐惧不已的破坏性行动力。除非我们认识到这些特征，铭记于心，否则我们无法弄清神经症患者为消除冲突所做的努力和尝试，而这正是神经症的主要构成部分。

第二章 基本冲突

冲突在神经症中所起的作用，远远超乎我们的想象。然而，要发现这种冲突并不是一件简单的事，从某种程度上来说，冲突在本质上是无意义的；更重要的是，神经症患者会想尽一切办法否认冲突的存在。那么，有什么迹象能让我们有足够的理由怀疑冲突是存在的呢？

在前一章介绍的两个案例中，冲突的存在是由两个明显的因素呈现出来的，一是疲劳，二是偷窃。其实，每一种神经症症状都表明有冲突存在，换句话说，每一种症状几乎都是冲突直接或间接导致的。我们会逐渐发现，没有消除的冲突会给人带来什么样的影响，它们是如何产生焦虑、抑郁、怠惰、孤僻、优柔寡断等情绪的。弄清楚这里的因果关系，就能让我们穿过显性紊乱，转向它的源头，尽管我们尚不能揭示根源的确切本质。

冲突存在的一个标志性的表现就是相互矛盾。比如，第一个例子中的工程师，明知道自己遭受了不公平的待遇，却没有表示出任何抗议。第二个例子中，明明是一个很重视友情的人，却偷窃朋友的钱。这种相互矛盾的表现，在没有经验的观察者看来，是非常明显的，患者有时也能意识到，但更多的时候他们对这种矛盾视而不见。

自相矛盾是冲突存在的指征，就像体温升高意味着人生病了一样。举几个常见的例子，一个非常渴望结婚的姑娘，却害怕跟任何异性接触；一个母亲过于关心自己的孩子，却经常忘记他们的生日；一个对他人慷慨大方的人，对自己却很吝啬；一个向往离群索居的人，却从来不肯一个人独处；一个对别人胸怀宽广的人，却总是对自己极度苛刻。

与症状不同，自相矛盾常常能让我们对冲突的本质作出试探性的假设。比如，急性抑郁表明一个人正处于两难的境地；一个看起来深爱孩子的母亲忘记孩子的生日，我们可能会倾向于认为，她更热衷的是做一个好母亲的理想，而不是母亲这个角色本身。我们还可能承认，她的理想可能与挫败孩子的无意识冲动发生冲突。

有时候，冲突也会浮出水面，也就是说，我们能够体验到冲突的存在。这听起来似乎跟我说的“神经症冲突是无意识的”相悖，但实际上，浮出水面的冲突只是真实冲突的扭曲或变形。因此，如果一个人必须作出一个重大的决定，虽然他可能会选择逃避、闪烁其词，但这无济于事，他还是可能会陷入一种有意识的冲突中而难以自拔。他可能无法决定，是要和这个女人结婚，还是要娶另外一个女人；是做这份工作，还是做另一份工作；是继续维持一项合作关系，还是干脆解散。他会饱受折磨，从一个极端到另一个极端，完全无法作出任何决定。他可能充满忧虑，向精神分析师求助，希望分析师能帮他厘清问题。可惜，他一定会失望，因为他当前的冲突不过是内心冲突的最终爆发，如果不继续探寻下来，认识到隐藏在背后的冲突，他的问题始终无法解决。

内心的冲突可能会被外化，出现在患者有意识的思维中，表现为他与周围的环境格格不入。或者，当他发现那些看起来毫无原因的恐惧和压抑，与他的愿望相矛盾的时候，他可能会意识到，他的内心冲突可能有着更深层次的原因。

越是我们熟悉的人，就越能辨别出引发症状、自相矛盾和表面冲突的矛盾因素。不过，有一点我需要补充，在这种情况下矛盾的种类和数量都增加了，所以我们必然会问：在这些冲突的背后，会不会隐藏着一个基本冲突，而且它就是一切冲突的根源？我们能不能用一段不和谐的婚姻来解读冲突的结构？在这段婚姻中有很多表面上的不融洽，涉及到朋友、孩子、理财、一日三餐等，而所有这些分歧和争吵，都源自这段婚姻关系本身的不和谐？

一直以来，人们都确信人格中存在着基本冲突，这种观念在各种宗教和哲学中都起着重要的作用。光明与黑暗的较量，上帝与魔鬼的较量，善与恶的较量，都是这种观念的表现形式。在现代心理学中，弗洛伊德在这方面和其他方面做了开拓性的理论研究。他的第一个假设就是，基本冲突是本能驱力与禁忌环境之间的冲突，我们的本能驱力盲目地渴望满足，而我们的家庭和社会环境戒律森严。这种环境在幼年时被内在化，从此便以冷峻的超我出现。

在这里讨论这一假设似乎不太恰当，那样的话，我们需要把所有反对力比多理论的观点都详细地论述一番。所以，我们倒不如去尝试理解这种概念本身的意义，而把弗洛伊德的理论前提放在一旁。如此一来，剩下的争议就在于：原始的自我中心动力和我们的禁忌意识的对立，我们各种冲突的基本来源。就像下文要说明的那样，我也认为这种对立（或者是我觉得大致与这种对立差不多的东西）在神经症结构中占据着重要地位。我对它的基本性质有所迟疑，我认为，虽然它是一种重要冲突，但不是首要的，而是神经症发展过程中的必然产物。

后面我会详细解释为何会有这种不同的看法，这里只说明一点：我并不认为，渴望和恐惧中的任何冲突都能让神经症患者的内心分裂到如此严重的程度，也不认为它们所引发的危害足以毁掉一个人的生活。如果按照弗洛伊德假设的那种心理处境，那就意味着神经症患者依然具备为达成某种目的而奋斗的能力，只是因为恐惧阻碍了他的努力。在我看来，冲突的根源就在于，神经症患者丧失了全心全意争取某种东西的能力，因为他所有的愿望都是分裂的，换而言之，他所有的欲望都是背道而驰的。这样所形成的心理环境，必然要比弗洛伊德想象的更严重、更复杂。

跟弗洛伊德相比，我认为基本冲突的破坏性更大，但也认为最终消除冲突的可能性更大。按照弗洛伊德的观点，基本冲突具有普遍性，很难消除，所能做的就是更好地妥协或控制。在我看来，神经症冲突不一定是与生俱来的，如果它出现了，也就有消除的可能，只要患者愿意付出努力并承受分析过程中的痛苦，冲突是有可能被解决的。我和弗洛伊德的观点的区别不在于乐观或悲观，而是我们在假设上的差异。

在基本冲突的问题上，弗洛伊德后来的回答具有哲学上的吸引力。可如果把他思想中的各种暗示抛开，他关于“生本能”和“死本能”的理论可以归为人类建设性动力和破坏性力量之间的冲突。弗洛伊德并不想把这一理论和冲突联系起来，他更在意的是这两种力量是如何融合在一起的。比如，他把受虐和施虐驱力解释为性本能和破坏本能相结合的结果。

如果把这个理论运用到冲突研究中，就不得不引入道德观念。可是，弗洛伊德认为，这些东西是科学领域的非法入侵者，依照他的信念，努力发展一种与道德价值观无关的心理学，才是目的所在。我认为，正是这种“科学化”的努力，使得弗洛伊德的理论以及基于此理论的治疗方法被限制在了一个狭窄的范围内。或者说，他的这种努力导致了他的失败，让他无法领会到冲突在神经症中的作用，虽然他在这方面进行了大量的研究。

荣格也很重视人类的相互冲突，在个体中起作用的种种矛盾。荣格总结出了一条规律：任何一个元素的存在必然意味着它的对立面也存在。例如，外在的柔弱意味着内心的刚强；表面的外向，掩盖着内向；表面的思维和理性占主导地位，内心却很重视情感，等等。至此，荣格似乎把冲突视为神经症的一个基本特征，但他又说，这些对立面并不冲突，而是互补的，其目的就是接受双方面，向理想的完美状态靠近。在他看来，神经症患者是那些过于注重某一方面发展而陷入困境的人，他用互补法则来阐述这一观点。我也认为，包含互补因素的对立倾向，会体现在一个完整的人格中，但我认为这些因素已经是神经症冲突的产物，并被患者一味地坚持着，它们是患者解决冲突的各种尝试。比如，一个人沉默、内向，只关注自己的想法和感受，无视他人的存在，如果我们把他的这种表现视为一种真正的倾向，也就是说，这些倾向在本质上是由体验所建立和强化的，那么荣格的推理就是成立的。有效的治疗过程就是，先让患者明白他有潜在的“外倾”倾向，分别指出偏重于某一个倾向都是有危害的，鼓励他接受和实践这两种倾向。如果我们把内倾性视为一种逃避冲突的手段，那么我所要做的就不是鼓励他外倾一些，而是分析表象之下潜在的冲突。只有消除这些潜在的冲突，才能够真正接近“内在完整”的目标。

现在，我要继续阐述我的观点了。我认为，**神经症的基本冲突存在于一个人对他人的矛盾态度中。**在展开讨论之前，请大家注意一下《化身博士》的故事。在这个故事中，主人公一方面脆弱、敏感、富有同情心，另一方面又残忍、无情、自私自利。我不是要暗示神经症患者总是跟这个故事里的主人公一样，我只是想说明，在患者对待他人的态度中，经常能够观察到根本的矛盾。

要追寻这个问题的起源，就要提到我说的“基本焦虑”，它指的是孩子在潜在的敌对世界里的孤立感和无助感。孩子的不安全感来自于外界环境中各种各样的敌对因素，比如直接或间接的控制、冷漠、反复无常的行为、不尊重孩子的个体需求、蔑视态度、过分称赞或苛责、缺乏真实可靠的温情、必须在父母争吵中选择立场、责任过多或过少、歧视、不公平、不守诚信、敌对气氛，等等。

孩子是能够觉察到环境中的伪善的，他会认为父母的爱和他们所做的慈善活动，以及他们所表现出的诚实和慷慨等，都可能是装出来的。事实上，在这一点上，孩子所感觉到的某些东西确实是虚伪的，但还有一些可能只是他对种种矛盾行为的反应，而这种矛盾是他透过父母的行为觉察出来的。造成这种情况的因素，对孩子究竟会产生怎样的影响，分析师也没办法迅速弄清楚，因为这些因素总是一起出现，且不都是暴露在外面，有一些藏得很深。

孩子会为此感到心慌，因而产生烦恼，甚至是质疑和害怕。为了面对自己所处的环境，在这个糟糕的世界中继续生存下去，他开始无意识地用自己的方式来应对这个世界，不断探索各种各样的策略。他发展的不仅仅是应对策略，还有持久的人格倾向，而这些倾向就是我所说的神经症倾向。

要了解冲突形成的原因，必须广泛地观察孩子在这些情况下可能选择的，或真正选择的行动，若只是单纯地观察个体倾向，没有任何意义。虽然我们暂时无法看到细节，但我们能够清楚地看到孩子应对环境的基本动向。最初可能没什么章法，但渐渐地会有三种情况清晰地呈现在我们眼前：孩子会亲近他人、抗拒他人或疏离他人。

当孩子亲近他人时，虽然带着隔阂与恐惧，但他还是愿意正视自己的无助，愿意尝试赢得他人的喜爱并依赖他们。只有这样，跟他人在一起时，他才会感到安全。如果家庭中发生了争执，他会选择有至高权威的一方，通过顺从来得到归属感和支持感，让自己感觉不那么孤独无助。

当孩子对抗他人时，他接受周围环境中的敌意，并有意无意地进行反抗。他盲目地怀疑他人的情感和意图，采用一切手段进行反抗。事实上，他没有任何证据，只是为了保护自己，想要变得更强，以此报复别人、打败别人。

当孩子疏离他人时，他认为自己很独特，没有人能够理解自己。在这种情形下，他既不想归附他人，也不想反抗他人，只希望一个人待着。他会待在自己的世界里，一个用玩具、书籍、梦想和自然建立起的世界。

对于每一种态度，都涉及到基本焦虑的突出因素：第一种态度中是无助，第二种态度中是敌意，第三种态度中是孤立。事实上，每一种态度出现的过程中，都会出现这三种倾向的影子，只是各自所占的比重不同。所以，孩子不可能只表现出这三种态度中的一种。

要更好地理解上面所说的内容，我们不妨把话题转移到充分发展的神经症上面。我们都遇见过这样的成年人，他明显地表现出前面三种态度中的一种，但我们也会看到，他的其他倾向也在发挥着作用。比如，一个习惯依赖和顺从的人，他也有攻击倾向和对孤独的需求；一个明显怀有敌意的人，也有顺从的一面，也需要独处；一个离群索居的人，也并非没有敌意或不需要爱。

然而，决定实际行为最主要的力量，还是取决于主导性态度，它代表着一个人应对他人最有利的途径和手段。所以，一个离群索居的人，通常会用无意识技术和他人保持安全距离，在任何需要与人共处的情况下，他都会感到不知所措。此外，占主导地位的并不总是他意识所最能接受的态度。

这不等于说，不显眼的倾向就没有影响力。比如，我们很难说，在明显依赖和顺从的人身上，控制渴望的强烈程度就不如爱的需要；只是他表达攻击冲动的方式不够直接而已。很多例子都能证明，隐匿态度的潜力是很大的，在这些例子中，占主导的倾向和次要倾向是逆转的。我们在孩子和成年人中，都能看到这样的换位。英国小说家毛姆的《月亮和六便士》中的斯特里克兰德就是一个典型的例子，在女性患者中这样的情况也很常见。一个女孩原本野心勃勃、顽皮叛逆，可当她恋爱后，却变得百依百顺，不再雄心壮志。亦或者，在遭遇重大变故后，一个离群索居的人可能变得异常依赖他人。

这里要补充一点，类似这样的转变，能在一定程度上回答我们经常遇到的问题：我们是否被童年的处境所引导和控制，无法改变了？成年后的经历没有任何价值？从冲突角度看神经症的发展，能给我们一个比较恰当的答案。最大的可能性是：如果童年时期没有受到严厉的管教，那么他后来的经历，特别是青春期的经历就可能影响他性格的塑造。如果孩子在早期被培养得循规蹈矩，那么后来任何新的经历都不可能让他的行为有所突破。一部分原因在于，他的刻板让他无法接受新的体验，比如他可能很孤僻，任何人都无法靠近他，亦或者他的依赖性太强，以至于总是被迫附属他人、受人支配。还有一部分原因是，他总在用旧的观念看待新的体验，如具有攻击性的人在受到他人的友好对待时，会把这种友好视为愚蠢，或是居心叵测，新的体验只会强化旧的观念。当一个神经症患者采取了不同的态度，看起来似乎是后期经历给人格带来了改变，但这个改变其实并非那么彻底。事实上，真正的情况是，内忧外患的压力让他不得不放弃自己的主导性倾向，而选择另一个极端，如果没有发生冲突，这种改变就不会出现。

从正常人的角度来看，这三种态度不应该相互排斥。一个人应当既能够迁就他人，也能够敢于抗争，还可以不与人来往。三者之间是相互补充、和谐统一的关系。如果其中一种倾向占据了主导地位，只是表明他在某个方向上发展过度了。

对于神经症来说，有很多原因导致这些态度不可调和。神经症患者很难灵活地应对世界，他总是被迫顺从、对抗和疏离，不管这种行为在具体情形中是否恰当。如果他用其他方式行动，就会感到恐慌。所以，当这三种倾向在他身上强烈地表现出来时，他就陷入了严重的冲突之中。

还有一个因素严重地扩大了冲突的范围，那就是以上各种倾向并不仅仅存在于患者的人际关系中，还会蔓延到他的整个人格中，就像恶性肿瘤一样，扩散到整个机体组织，最终支配着患者与他人的关系，以及与自己、与生活的关系。如果我们不能充分认识这一特性，就会忍不住把冲突的结果看成绝对矛盾，比如爱与恨、顺从与反抗、服从与对抗等。然而，这种绝对化的看法会让我们误入歧途，让我们根据某个单一的对立特征来区分法西斯主义和民主主义，诸如它们在宗教信仰或权力统治上的差异。不同的态度确实有区别，但如果只强调其中一点就会混淆视听，法西斯主义和民主主义原本就有天壤之别，代表着两种截然不同的人生哲学。

冲突源于我们与他人的关系，最终影响到人格，这不是偶然的。**人类关系十分重要，它必然会塑造我们的气质、品性、目标和价值观。反过来，这些东西又会影响到我们与他人的关系，两者难解难分。**

我认为，神经症的核心就源于矛盾态度的冲突，因此应当被称为“基本冲突”。再补充一点，我用“核心”一词不仅仅是要表达它的重要性，还要强调一个事实，那就是：它是神经症的能动中心，神经症由此向外扩散。这个观点是一种新神经症理论的核心，这种理论的含义在后面会愈发明显。从广义上来说，这种理论可以说是我对早期观点的扩充，即神经症是人类人际关系紊乱的表现。

第三章　亲近他人

仅仅依靠一些相关个案，是无法把基本冲突描述清楚的。基本冲突具有破坏性，神经症患者构建了一条坚固的防线，不仅让基本冲突难以被看清，甚至还把它深深地掩藏起来。结果导致，我们从表面上看到的都是解决冲突的各种尝试，而不是冲突本身。所以，简单地观察病史的细节根本无法发现其含义和种种细微的差别，这样的描述会让人过于关注细枝末节，而无法弄清楚问题的真实状况。

我在前面章节所叙述的内容，还需要进一步补充。**要了解基本冲突的全貌，我们必须从研究所有的对立因素入手。要做好这一点，就得观察那些某一种因素占据主导地位的个体。**对他们来说，这个因素代表着更能接受的自我。我将个体划分为三种类型，即顺从型、对抗型和疏离型。我的重点会放在那些人们愿意接受的态度上，至于被隐藏的冲突，暂时不去考虑。我们发现，每一种类型中的某些需求、品德、敏感、郁闷、忧虑以及一些特殊的价值，都是由形成之后的基本态度引起的。

这种做法利弊兼具，对于这些类型中比较明显的态度、行为和信念等，可以先检查它们的功能和结构，这样就能进行更好的辨别，看清楚这三种态度本质上的不相容。还用法西斯主义和民主主义来比喻：这是两种不同的意识形态，两者之间有着本质的区别，要了解这种区别，我们不能一开始就选择一个既信仰民主主义，又暗中钦佩法西斯主义的人为研究对象。我们先得对法西斯主义有一个大致的了解，从纳粹党的文字和行为来描述法西斯思想，然后再与民主主义最具有代表性的生活方式进行比较。这样一来，就形成了两套信仰的明显对比，从而帮助我们理解那些试图折中两种信念的个人和群体。

第一种是顺从型人格，这类人有亲近他人的特质，对爱和赞赏有强烈的需要，特别是需要一位“同伴”。这个人可以是他的朋友或是爱人，“他们能满足他对生活的所有期待，他们的主要任务就是为他的善恶和成功负责”。这些需求和所有神经症倾向的特征相同，就是具有强迫性、盲目性，受挫后会引起焦虑或沮丧。这些需要与有关的“他人”的内在价值、真实感受没有任何关系。无论这些需求以什么样的形式出现，它的核心都是对亲密关系和归属感的渴望。顺从型的需要是盲目的，他总是高估自己和周围人的共同点，而忽略他与别人的不同之处。他对别人的误解，完全是由于强迫性需求导致的，而非因为无知、愚蠢或缺乏观察能力。就像一位患者描述的那样：她感觉自己像一个被陌生人和危险动物包围的婴儿，她孤独地站在中间，周围有想要蜇伤她的大蜜蜂、想要咬伤她的狗，还有要扑向她的猫，以及要撞伤她的公牛，她觉得自己渺小又无助。显然，这些动物的真实本性并不重要，那些具有攻击性也令人感到恐惧的恰恰是这位患者最想要获得的“爱”。这种类型的人，需要别人喜欢他、需要他、想念他、爱他、接纳他、赞赏他、欢迎他、钦佩他；同时还需要被他人重视，特别是被某一个重视；他还渴望别人帮助他、保护他、照顾他、引导他。

当分析师指出患者的这些强迫性需求时，他们有充分的理由为自己辩护，甚至认为这些需求都是很“正常”的。有一种人除外，那就是被施虐倾向完全扭曲的人，他们已经彻底丧失了对情感的渴望，这一点我们在后面会谈到。事实上，每个人都有爱和归属感的需求，也离不开他人的帮助，但神经症患者的问题在于，他认为自己对情感和赞赏的疯狂需求是真心实意的，但实际上，他的这些需求都被他对安全感的永不满足所掩盖了。

他对安全感的需求如此强烈，以至于所做的一切都是以此为导向。在此过程中，他发展出塑造他人格的某些品质和态度，其中有些品质和态度是惹人喜欢的，比如他能敏感地捕捉到他人的需求，当然这要在他情感所能理解的范围内。举例来说，他总是忽略一个有孤独倾向的人喜欢独自待着，却对别人在同情、帮助和赞赏等方面的需求非常敏感。他不自觉地尽量去满足其他人对自己的期待，或是他自认为他人对自己的期待，甚至不惜忽略自己的感受。他表现得慷慨大方、自我牺牲、过度体贴、过于欣赏、宽宏大量，但这不过是自欺欺人，真实的他内心深处并不太在意别人，甚至认为他们都是虚伪自私的。如果要我用有意识的术语去描述无意识的过程，便可以这样讲：他说服自己，他是喜欢所有人的，他们都很“友好”，值得信赖。然而，这种错觉不仅给他带来了失望，还加重了他的不安全感。

这些品质对他而言并没有那么珍贵，主要是他忽略了自己的感受和判断，盲目地把自己之欲强加给别人，如果得不到相同的回报，就会陷入到焦虑不安中。

与这些品质相似的还有其他一些品质，其表现是：在碰到争论和竞争或是感觉他人不满时，会选择逃避。他们总是有意地降低身份，把主要位置让给别人，让他人出风头；他会选择姑息让步、息事宁人，并且毫无怨言（这一点是主动的）。他把对胜利和报复的需要深深地压抑着，表现出一种愿意妥协和无怨无悔的态度。同时，他们还习惯把所有的错误都归咎于自己，但凡碰到批评和攻击，他们第一时间考虑的不是自己用不着因为错误而羞愧，也不管批评是不是正确，更不在乎自己该不该受到攻击，而是立刻选择认错，完全不考虑自己的真实感受。

这些态度经历了一个微小而奇妙的过程。无论面对什么样的攻击，他的选择都是回避，对此他也感到苦闷。即便自己有想法，也不敢坚持；明知道对方是错的，却不敢指出来；明明有展示自己的机会，却把它拱手让人；明明有自己的目标，却不敢去追求；完全没有命令和要求别人的能力。同时，他想享受一下也办不到，这都是因为他以别人为中心导致的。时间久了，他可能会产生这样的想法：无论是一顿饭、一场演出、一段音乐还是一处风景，但凡是体验，都需要有他人的参与，否则就变得没有意义。在享乐方面，他对自己十分严苛，这让他越来越依赖他人，生活也变得愈发乏味。

这种类型的人还有一种代表性特征，就是喜欢用软弱无助来形容自己。当他独自待着的时候，他会觉得自己像迷失方向的小船，或是失去仙女帮助的灰姑娘。这种无助在某种程度上是真实的，一个人无论在面对什么情况时，都感觉自己没有反抗能力，那他无疑会变成懦夫，这一点并不难理解。这种无助感经常会出现在他的梦里，还会成为他不断向他人诉说的话题，甚至被他当成一种引起别人注意或进行自我防御的手段："你必须爱我、保护我、谅解我，你不能抛弃我，因为我是那么的脆弱、无助。"

由于他总把自己置于次要的位置上，且表现得无怨无悔，因而就产生了第二个特征。他理所当然地认为，所有人都比自己优秀，都比自己更有价值，在这种情况下，他的能力无法正常发挥，即便在他擅长的领域作出了一些成绩，他也会觉得成绩不属于自己，而属于那些“能力比自己强”的人。在那些具有攻击性或傲慢自大的人面前，他更是自惭形秽。即便是独处，他也会感到自卑，轻视自己的天赋、能力，低估自己的物质财富。

第三个特征在于，他习惯依赖他人，通过别人对自己的看法来看待自己。对他来说，别人如果喜欢他、夸奖他，他的自尊感就强；如果别人辱骂他、讨厌他，对他来说就是毁灭性的灾难。他心中的逻辑方式很独特，会因为别人不回请他而把自己的自尊降到很低。对那些威胁他、批评他、拒绝他、背叛他的人，他会尽全力去重新获得他们的尊重。在被人打了耳光之后，他内心的唯一想法就是把另外半张脸也凑过去。他的逆来顺受不是因为某些隐秘的受虐倾向，而是他根据内心发出的指令所能做的唯一努力。

这一切形成了他特殊的价值观。当然，依据他的成熟情况，这些价值观在清晰和坚定的程度上会有所不同。这些价值观建立在善良、同情、慷慨、无私、爱和谦卑的基础上；他对野心、冷酷、自私、麻木、狂妄、挥霍权势等深恶痛绝，尽管他可能在心中暗暗地钦佩这些代表着“力量”的属性。

上述就是神经症亲近他人的特征。很明显，要用一个词语来表述这些东西，如顺从或依赖，似乎是不太恰当的，因为这些特征背后隐藏的是一套思考、感受和行为方式，是他们的一种生活方式。

我说过不去讨论反面的因素。可是，如果我们要充分理解患者是如何坚守他们的态度和信念的，就必须了解压抑对立倾向是如何巩固主导倾向的。所以，我们还是有必要了解一下反面的因素。在分析顺从型时，我们发现患者强烈地压抑着自己的攻击性。和表面上的关系形成明显对比的是，他们其实对别人漠不关心，或者经常对他人持有蔑视的态度，无意识地想要利用、控制和支配他人，甚至想要超越他人，享受报复性的胜利。当然，这些受压抑的驱动力在形式和强度上不太一样，部分原因是与童年期遭遇不幸有关。比如，了解一位患者的成长史，他在 5~8 岁的时候会乱发脾气，后来逐渐变得乖巧懂事。但是，很多因素都成为敌对情绪的根源，以至于成年后他的攻击倾向也在不断加强。这样说下去，可能会偏题，我们只是简单地说明一下，自谦和与人为善可能会被践踏和利用，对他人的依赖也会让人变得更加脆弱。所以，当患者对情感或赞美的需求没有得到满足时，他们就会有一种被忽视、被拒绝、被羞辱的感觉。

我这里说的感觉、驱力、态度等都被“压抑”，是按照弗洛伊德所解释的意思来使用的。在他看来，压抑是存在的，只是患者并没有发现，而且他们希望永远也不要意识到它们，唯恐向自己或他人露出半点压抑的迹象。所以，每一种压抑都给我们带来了疑问：患者为什么要把内心的某种驱力压抑下去？这样做有什么好处呢？

在顺从型的例子中，我们能找到几种不同的答案，但多数答案需要我们在讨论完理想化意象和施虐倾向后才能够理解。现在我们所能知道的是，对于敌意的感受或表达，会影响到他喜欢他人和被人喜欢的需求。此外，在他看来，任何形式的攻击和自助行为，都是自私的，他会谴责这种行为，并认为其他人也会谴责这种行为。他害怕承受这种谴责，因为他要靠他人的肯定来获得自尊。

压抑所有带有肯定、报复、野心的情感和冲动，都会产生其他的作用，这是神经症患者消除冲突、制造统一、完整、整合的感觉的诸多努力之一。我们内心对统一的渴望不是秘密，因为人格统一是正常生活的需要，当我们被反方向的驱力牵扯时，自然很难做到这一点；同时，我们也害怕人格分裂。神经症患者消除冲突的一种主要方法，就是试着对人格进行整合，把一种倾向扶持到主要位置上，进而对其他倾向形成压制。当然，这种努力通常是无意识的。

神经症患者故意压制攻击性冲动，主要出于两个原因：一是不让它们影响自己的生活方式，二是不让它们揭穿虚假的完整性。攻击性倾向越具有破坏性，他就越想驱逐它。患者从来不会拒绝别人的要求，甚至对所有人都表示出喜欢，甚至他们想要把自己对所有东西的欲望都隐藏起来，不被别人发现。换句话说，他的盲目性和强制性变得更加强大，服从和讨好的倾向也被强化了。

然而，压抑的冲动通常都是通过符合神经症结构的方式表现出来，或是发挥作用的。所以，那些无意识的努力根本是无效的。患者在对他人提出要求或支配他人时，会以“我是如此悲惨”和“爱”的名义来进行。当被压抑的敌对情绪积累到一定程度，就会爆发出来。这种爆发虽然不太符合患者对亲切和温暖的要求，但对他自己来说是合情合理的。站在他的立场来看，他并没有错，因为他不知道自己对他人的要求是过分的、自私的，所以他依然会觉得自己受到了不公平的对待，以至于忍无可忍。最后，被压抑着的敌对情绪点燃了怒火，引起各种功能紊乱，如头痛或肠胃疾病。

因此，顺从型的大多数特征都有双重动机。比如，当他低调谦和时，为的是避免与人发生争执，保持和谐的关系，但这也可能是他压抑自己的一种方式；当他允许别人占自己便宜时，只为了表达出善良和顺从，但也可能是为了回避自己想要剥削他人的欲望。要克服神经症顺从，就必须修通冲突的两个方面，按照合适的顺序进行。从保守的精神分析作品中，我们能看到这样一种观点，“释放攻击性驱力”是精神分析治疗的本质。这种方法说明，作者对于神经症结构的复杂性和多样性缺乏充分的认识。但这种方法对于某一种特殊的类型来说，有一定的作用，可即便如此，它的正确性也是有限的。攻击性驱力需要释放，但如果把“释放”本身当成最终的目的，很容易给患者带来伤害。如果要让患者的人格得到整合，这个方法必须用在修通冲突问题之后。

爱情和性欲在顺从型中所发挥的作用，也是不容忽视的。在患者

看来，爱情似乎是唯一值得追求的目标，没有爱的生活是无趣的。借用弗里茨·维特尔斯对强迫性追求的说法，爱情成了被不顾一切追求的幻影。无论是人、工作、风景，还是兴趣、娱乐，除非有爱情存在，否则都将失去意义。在我们的文化中，这种痴迷在女性身上表现得更为突出。实际上，这种痴迷与性别无关，它只是神经症的一种表现，是一种非理性的强迫性内驱力。

如果我们了解顺从型人格的结构，就能明白为什么患者会如此看重爱情，以及为何“在他的疯狂中自有条理”。由于他矛盾的强迫性倾向，导致爱情成为满足他所有神经症需求的唯一方式。这种方式既能满足他被喜欢的需要，也能满足他通过爱情支配他人的需要；既能满足他居于次位的需要，也能满足他突出自己的需要（通过全身心的付出）。这种方式给他提供了一个合理的、单纯的，甚至是值得称赞的条件，让他释放所有的攻击性驱力，同时还能让他表现出自己拥有讨人喜欢的各种品质。由于他并未意识到自己的痛苦和挣扎来自于内心的冲突，因而爱情就成了一剂良药，他相信只要找到一个爱他的人，一切都能好起来。这种希望显然是荒谬的，但我们也清楚，他的这个逻辑其实是一种无意识的推理。他认为：“我软弱无助，如果我一个人活在这个充满敌意的世界里，我的无助就是一种危险和威胁。如果我能找到一个爱我胜过其他人的人，他就能保护我，我就不再危险了。和他在一起，我不需要再为自己争取什么，也不必提出要求或做什么解释。事实上，我的软弱就是我的资本，他爱我的无助，我可以依赖他。我没有主动的欲望，但如果为了他，或是他要求我为他做一些事情，我就会变得主动起来。”

他有条不紊地重建着自己的思维和推理，并将其系统化。这其中有一些是理性思考所得，有些只是凭借感觉，但更多是无意识的行为。他会想：“孤独对我来说是一种折磨，我无法对没有人分享的东西产生兴趣。我感觉迷茫和焦虑。我可以在周六晚上独自看书或看电影，但那是一件丢脸的事，这说明没有人需要我。为此，我必须认真安排，决不能在周六晚上或任何时候独处。如果我找到了我的爱人，他就能帮我远离这些折磨，我就不再是一个人了。现在看起来没有意义的一切，无论是准备早餐，还是看日出日落，都将令人愉悦。”

他还会这样想：“我没有自信，我总是觉得别人都比我有能力、有魅力、有天赋。即便是我努力完成的工作，也很难拿出手，因为它无法给我带来荣耀。我可能只是侥幸过关，重新再做一次的话，我未必能完成。如果别人真的了解我，他们一定不会喜欢我，因为我一无是处。但如果我找到一个喜欢真实的我，并且十分重视我的人，别人一定会对我刮目相看。”于是，爱就成了具有幻影的诱惑力，患者会牢牢抓住它不放，舍弃用一个艰难的过程从内改变自己。

在这种情况下，性关系除了生理功能外，还被赋予了证明自己被需要的价值。顺从型患者越是冷漠——害怕付出真情，或者越是放弃悲哀的希望，他的性行为就越有可能取代爱情本身。他会觉得，那是唯一能够建立亲密关系的方式，甚至像高估爱情的力量一样，高估性解决矛盾的力量。

如果能够小心翼翼地避免两种极端：一是将爱的过分重视视为“完全自然的事”，二是将它视为“神经症”，我们就能明白，顺从型患者对爱情的期待，完全来自于他人生哲学的逻辑推论。在神经症症状中，我们经常会发现，患者的所有论证都很完美，没有任何瑕疵，无论这些论证是有意识的还是无意识的，都是一样。只不过，这些都是在错误的基础上得出的结论。之所以说论证基础是错误的，是因为他没有考虑到神经症冲突，也就是说，在论证的时候没有把攻击性倾向和破坏性倾向考虑进去，甚至还把自己对感情及相关东西的需求，视为自己拥有爱的能力。他指望不对冲突本身做任何改变，就能摆脱未解决冲突所带来的恶果，而这正是每种神经症尝试解决途径的态度特征，也是他们注定会失败的原因。至于把爱情作为一种解决途径，我还要多说一句。如果顺从型患者足够幸运，找到了一位内心强大且能包容他们的伴侣，或者那位同伴的神经症刚好与之互补，那他的痛苦会大大减轻，甚至会感到某种程度的幸福。可惜，多数情况并非如此，他想要在世间寻求天堂的期望，只会增加他的不幸，他极有可能把自己的冲突带入这段关系中，从而毁掉这段关系。即便这段关系有可能缓解他的痛苦，但只要他的冲突没有消除，他的发展依然会受到阻碍。

第四章 对抗他人

基本冲突的第二个方面是“对抗他人”。和前面一样，我们还是通过考察那种由攻击性倾向占主导位置的类型，来讨论对抗他人的倾向。

顺从型患者深信，人都是友善的，但事实却一次次出现相反的情况。对他们来说，这无疑是一种打击。**对于对抗型的人来说，他们很自然地认为所有人都是充满敌意的，即便他们发现人不是自己所想的那样，也不会承认自己的错误。**对他们来说，生活犹如一场搏斗，人只能追求自保，就算他们承认有一小部分人不是他们想象的那样，那也并非是发自真心的。他们表面看起来很有礼貌，正直不阿，非常友好，但这是虚假、真实情感和神经症倾向混合之后的产物，就好比阴谋家的权宜之计。当然，他们也有自己真实的态度，只不过多数时间，他们都把自己的态度藏在外表之下，偶尔才会表现出来。这种类型的神经症患者，在发现所有人都很看重自己之后，就希望别人能把自己视为一个好人，这是他们的期待。

顺从型患者具有强迫性，对抗型患者也如是。但我们必须弄清楚一点，他们也是因为忧虑才如此的。强调这一点，是因为在顺从型患者身上，很明显能够看到恐惧的影子，但是很少有人承认它会出现在对抗型患者身上，至少他们不曾表露过。对抗型患者认为，所有的事情都很艰难，只是有的看起来艰难，有的是真的艰难，还有的是变得愈发艰难。

对抗型患者认为，人生是一个竞技场，遵循达尔文的“物竞天择，适者生存”的观点。生存还是毁灭，很大程度上取决于他生活的文化环境，但不管怎样，追求个人利益是最先考虑的问题。因此，他的基本需求就是控制他人。至于控制的手段，可以是多种多样的，可以完全运用权力，也可以间接操纵，或是通过过度关怀，抑或想办法让对方承担义务。他们喜欢做幕后的操纵者，去控制所有的事情，这是综合考虑了自己的天赋和各种冲突倾向后作出的选择。比如，一个人有疏离倾向，为了避免跟别人发生亲密接触，他不会直接去控制别人，而是会用间接控制的方法来博得他人的喜爱。如果他想成为幕后操纵的人，他就必须利用别人来实现自己的目标，此时他会表现出虐待倾向。

如果他想表现得比别人强，获得名声威望或其他形式的认可，他会把所有的重心放在权力上，因为在充满竞争的社会里，成功和威望会带来权力。在获得这些东西后，他会得到他人的赞赏与肯定，而这无疑又让他在主观上获得了一种力量。和顺从型的人一样，他的重心不在自己身上，只是他想要获得的肯定在类型上与顺从型不同。事实上，这两者想要的肯定都是徒劳无益的。如果人们好奇，为什么成功不能减轻他们的不安全感，只能说明他们缺乏心理学常识。事实上，他们的困惑从一定程度上就表明，他们把成功和威望当成了价值的标尺。

对抗型的人总是想要剥削他人，超越他人，让别人为自己所用。任何情境和关系，在他看来都是以“我能从中得到什么”为出发点，无论是面对金钱、声誉、人际关系还是观点，都是如此。他会有意识或无意识地认为，每个人都是这样的，重要的是自己得比他人做得更好。他的性格与顺从型相反，通常给人以严厉、态度强硬的印象，他把自己和他人的所有情感，都视为“多愁善感”，爱情对他来说无关紧要。这并不是说他不会去恋爱，不会与异性发生关系或结婚，而是他渴望找到一个称心如意的伴侣，借助对方的财富、声望和魅力来提高自己的地位。他认为没有理由去体贴别人，他会想：“我为什么要关心别人？让他们自己关心自己就好了。”如果问他那个古老的伦理学问题：一个竹筏上有两个人，只有一个人能活下来，该怎么办？他会说，当然是自保，否则就是愚蠢。他拒绝承认自己心存恐惧，也会尽力地控制这种情绪，比如他会强迫自己待在一个空荡荡的房间里，虽然晚上也怕有贼闯入；他可能会坚持骑马，直到克服对马的恐惧；他还可能故意穿过有蛇的沼泽地，为的就是克服对蛇的恐惧。

如果说顺从型是讨好式的人物，那么对抗型更像是一个斗士。在与别人争论时，他思维敏捷，会费尽心思地争辩，以此来证明自己是正确的。当他陷入绝境，只能背水一战时，他会使出浑身解数。顺从型的人害怕赢得比赛，而对抗型的人却只想要赢。顺从型的人随时准备自责，而他随时准备推卸责任。两者的相同之处在于，他们都不存在内疚感。当顺从型的人承认错误时，并不认为他真的错了，他只是为了讨好别人才那么做；对抗型的人也同样不认为自己就是错的，他只是假设自己是对的，他需要这种主观上的自我肯定，就好比一支军队需要一个安全的阵地来发起进攻一样。对他来说，在不必要的情况下承认错误，要么就是愚蠢，要么就是懦弱，这是不可原谅的。

就跟他与险恶的世界做斗争的态度一样，他有一种敏锐的现实主义的观念。他不会忽略别人阻碍他实现目标的任何表现，如野心、无知、贪婪或其他。在一个竞争的文化中，这样的特性比正直更加普遍，他觉得自己有理由这样做，这是务实的表现。实际上，这跟顺从型的人一样，在性格上都是有缺陷的。他的这种现实主义还有另一面，就是重视规划和远见，像出色的战略家一样，小心翼翼地评估自己的胜算，确认对手的实力以及可能会遭遇的危险。

他总是认为自己是最强大的、最精明的、最受欢迎的人，因而他很努力地发展谋略和技能，以此来证明这一点。他积极地投入工作，这可能会让他成为一名优秀的员工，或是取得事业上的成就。但是，这种对工作的乐此不疲，从某种意义上来说只是一种假象。对他来说，工作不过是实现目标的一种手段，他并不喜欢自己所做的事，也无法从中找到乐趣，这种情况跟他试图排斥生活中的情感如出一辙。排斥情感有两方面的作用：一是为了获得成功而采取的权宜之计，能让他像加满油的机器一样运转，不知疲倦地给自己制造更大的权力和名望，而感情用事可能会给他带来麻烦，减少他获得成功的机会；可能会让他把对工作的注意力转移到自然或艺术上，或者转移到朋友身上，而不只是关注那些对自己有用的人。另一方面，对情感的排斥会带来内心情感的匮乏，这种匮乏会降低他的创造力，影响他的工作质量。

对抗型的人不管在什么情况下，都会直接表达出自己的情绪和想法，他可以发号施令，也可以自我防卫。从表面上看，他似乎不太压抑自己，但这还是表象，他的压抑不比顺从型的人少。我们无法在第一时间看到他特定的压抑，因为他在交友、恋爱、表达情感、表达同情和享乐方面的能力，都受到压抑的影响。不夸张地说，他的压抑已经融入到了感情中，在他看来，无私的享乐也是浪费时间。

站在他的立场上，我们会发现他对事物的看法都是正确的。他感觉自己是强大的、真诚的、现实的，他觉得内心强大的外在表现就是冷酷，真诚就是对他人漠不关心，现实就是为了追求自己的目标，什么都能放弃。依照他的观点，他对自己内心的看法是绝对正确的。此外，他还能一语戳破别人的虚伪，这也是他觉得自己内心真诚的原因。他认为，自己能轻易地识破那些社会意识和宗教美德的真实面孔，所谓热爱自己的事业和博爱的情操，全部都是虚伪的。他的价值观就是弱肉强食的生存法则，强权就是公理，人人都是披着人皮的狼，不存在所谓的仁慈和包容。

对抗型的人不仅排斥真正的支持和友善，还排斥服从和让步，这是有主观逻辑在里面的。但不要认为他分辨不出来，当他遇到真正的友善和有力的态度时，他会主动去认识对方，并对他们表示出尊敬。只不过，在他看来，这两种态度会成为生存斗争中的阻碍。

他为什么如此强烈地抵制温柔的情感呢？为什么看不惯别人充满爱意的行为呢？又为什么会在别人不合时宜地表示出同情时，而表现出鄙夷呢？他的这些行为，犹如一个人把乞丐赶出门，只因不忍看到乞丐的悲惨模样。当然，他可能会对乞丐口出恶言，也可能用不恰当的理由拒绝乞丐最简单的要求，他很容易作出这样的行为。事实上，他对于别人温柔的感觉是矛盾的、复杂的。他鄙视他们的温柔，但也渴望这种温柔，因为这很容易帮他实现目标。但是，他为什么像被他吸引的顺从型患者一样，被顺从型患者吸引呢？对于这种心理动力，尼采是这样解释的：不管是什么形式的同情，他让他的超人将其视为“第五纵队”，也就是从内部捣鬼的叛徒。在对抗型的人看来，温柔不仅意味着真正的喜爱、同情和类似的情感，还意味着顺从型患者的需求、情感和行为准则中涵盖的一切。就拿乞丐的例子来说，他产生了真正的同情心，想要遵从请求，觉得自己应该帮助他们，但是，一股更加强烈的需要把这些东西从他身上推开，结果就是，他不但拒绝了乞丐的请求，甚至还会辱骂他们。

为了满足不同驱力的期望，顺从型的人选择以爱之名，而对抗型的人选择被认可。被认可不但能让他获得想要的自我肯定，还有额外的诱惑力，那就是获得他人的好感，并反过来让自己对他人产生好感。被认可似乎给他提供了解决冲突的途径，成了他所追求的补救幻想。

从内在逻辑上来说，对抗型的人和顺从型的人基本类似。这里只进行简单的说明：**在对抗型的人看来，任何同情以及为了表现出友善而必需的义务，和任何顺从的态度，都和他建立的整个生活结构相悖，并会动摇他的信念。**此外，这些对立倾向的出现，让他不得不面对自己的基本冲突，这会摧毁他小心翼翼构筑起来的局面，也就是统一性。最终的结果就是，压抑温柔倾向加强了攻击性倾向，让攻击倾向更具有强迫性。

现在，如果我们对已经讨论过的两种类型有了明确的认识，那我们就会发现，它们其实代表着两个极端：一方喜欢的是另一方讨厌的；一方把所有人视为朋友，另一方把所有人视为潜在的敌人；一方尽己所能地避免冲突，另一方把对抗视为天性；一方依附于恐惧和无助，另一方总在试图消除它们；一方的神经症总在导向仁爱理想，另一方却倾向于丛林法则。然而，从始至终，两者都不能自由地选择自己的形式，这些形式都具有强迫性，且难以变通，这都取决于内心的种种需要，根本不存在中间地带。

我们已经讨论了两种类型，并做好准备进行下一步。我们发现了基本冲突涵盖的内容，也发现冲突的两个方面在两种不同类型中所占的主导性倾向。我们现在要做的是，描述一个人，在他的身上有两种相反的态度和价值观在共同发挥着作用。显然，这样一个人会被两种相反的驱力拉扯，让他根本无法行动。他一定会想办法消除其中的一种驱力，而这无疑会把他推向另一种类型，这就是他试图解决冲突的途径之一。

在这种情况下，用荣格的观点论及单方面畸形发展是不充分的，至多只能算是形式上的正确论述。荣格的观点建立在对驱力的误解之上，其含义也是错误的。他从片面的观点出发，认为分析师在治疗的过程中，必须帮助患者接受自己的对立面。试问，这怎么可能呢？患者不可能接受自己的对立面，至多只是能意识到它们而已。如果荣格试图通过这样的方式让患者成为一个完整的人，那只能说，患者最终的整合需要这样做，但这本质上意味着让患者学会面对自己当前试图回避的冲突。荣格没有正确评估到神经症倾向的强迫性质，亲近他人与对抗他人之间不是单纯的“弱”与“强”的区别，也不是像荣格所说的“女性气质”和“男性气概”的差别。**所有人都具备顺从和对抗的潜在倾向。一个没有受到强迫性内驱力的人，如果足够努力，他的人格也能实现一定的整合。但如果这两种倾向都趋近于神经症，则会损害我们的成长。**两个不太好的东西加在一起不会变成一件好的东西，两种相互冲突的东西也很难制造出一个和谐的整体。

⟴ 第五章　疏离他人

基本冲突的第三个方面，是对疏离的需求，也可以称之为“远离他人”的需要。我们必须先弄清楚一点，神经症的自我疏离是什么样的？否则就无法对这种需求进行研究。神经症的自我疏离，不是指一个人时不时地想自己待一会儿，因为每一个认真对待自己和生活的人都会有这样的想法。对于这种需求，我们并不是太了解，因为我们的生活被排得很满，根本无暇去思考这些，但必须承认的是，它有助于个人价值的实现。关于这一点，历史上的各种哲学和宗教都有过介绍。对于神经症来说，它的一个重要标志是，无法进行有建设性的独处。对于大部分神经症患者来说，深入自己的内心是很难做到的，他们根本不愿意进行有意义的独处。那么，在什么样的情况下，神经症患者才会愿意独处呢？那就是，他在跟别人交往时，产生了无法容忍的紧张感后，才想自己待一会儿。

严重离群索居的人身上有一些非常典型的特征，为此不少精神科医生认为，这些表现就是自我疏离型的特征。在这些特征里，最突出的就是他不想跟任何人靠近。事实上，他对人的疏远，跟其他神经症患者对人的疏远，没有什么差别。比如，我们前面讨论过的两种类型，很难确切地说哪一种更疏远他人。我们只能说，顺从型的人掩盖了这种特征，当他意识到自己想要亲近他人时，会感到格外恐惧和吃惊。无论是哪一种神经症患者，疏远他人都只代表人际关系失去平衡，至于到底有多疏远，和神经症的种类无关，重要的是看紊乱的严重程度。

疏离型独具的一个特征就是疏远自我，也就是感情麻木，不确定自己是什么样的人，不知道自己喜欢什么、讨厌什么、渴望什么、害怕什么、希望什么、相信什么等。这种自我疏远，在所有神经症患者身上都能看到，他们最终会像一架被遥控的飞机，与自己失联。在海地的传说中，有一种通过巫术死而复生的僵尸，虽然没有生命，但和活人一样生活、工作，那些疏远自我的人与之类似。至于其他类型的神经症患者，他们的情感生活相对丰富一些。我们不能把自我疏远视为疏离型所独有的特点，所有远离人群的人，都能像观察艺术品一样观察自己，这是他们的共同点，也是他们的能力。也许，这样描述是最恰当的：他们用旁观者的态度对待自己，也用这种态度对待生活。

因此，他们可能常常是自己心理过程的出色观察者。比如，他们总能以令人惊讶的理解能力，去解读自己梦中的形象。

他们的内心十分渴望能与他人在情感上保持距离，不要扯上任何关系，包括合作、竞争、爱和对抗。他们在自己的周围画了一个魔法圈，任何人都不得入内。所以，从表面上看，他们似乎能跟人和谐相处，可一旦有外界的因素闯入他们的“禁地”时，他们就会因为需要的强迫性特征而产生忧虑。

他们所有的需要和学习都为了一个目的，那就是“不参与”。其中，最明显的特征就是自给自足，最积极正面的表现就是足智多谋。对抗型的人也倾向于足智多谋，但对他们来说，只有老谋深算才能在充满敌意的世界里生存，才有能力去打败别人。在疏离型患者中，足智多谋更像是鲁滨孙，他必须用这样的方式来填补孤立，以便存活下来。

还有一种更加不可靠的自给自足的方式，那就是有意识或无意识地限制自己的需要。我们必须记住他的潜在原则，就是不依附任何人或事物，如此才能更好地理解这种方式产生的原因。比如，一个人在疏远自我之后，他或许会感到真正的快乐，但如果这种快乐需要依附他人，他宁肯不要；他讨厌社交活动，但偶尔跟几个朋友度过一个愉快的夜晚，他也觉得很好；他习惯性地逃避争斗、生育和成功；他在饮食和生活习惯上保持着一个度，既能控制自己的花费，也能控制住对时间和精力的浪费；他最讨厌生病，因为生病需要人照顾，这让他感到羞耻；他相信自己亲眼目睹和亲耳听到的，对于某些知识，他会坚持自己去学习和理解，不会盲目相信他人的言论和观点。这种态度能帮他形成一种独立的性格，但他不会让它发展到荒谬的程度，比如在陌生的城市拒绝问路。

疏离型患者还有一个明显的特征，就是需要私人空间。他总是渴望保持一份神秘感，即便是在住旅店的时候，也会把“请勿打扰”的牌子挂在门上。当听到有人打探他的私人事情时，他会非常惊讶。曾经有一位患者告诉我，他的母亲曾在他小时候告诉他，说上帝会透过百叶窗看到他咬手指的行为，到了 45 岁，他依然怨恨全能的上帝。他不愿意透露任何与自己有关的信息，哪怕只是一些细枝末节。

疏远自我的人总觉得自己跟别人不一样，如果发现自己没有得到他人的特殊待遇，他会有一种被忽视的感觉，并为此愤怒不已。通常，他都是一个人吃饭、睡觉、工作，不愿意与人分享自己的经验，也害怕别人的打扰。他不会在听音乐、散步和与人交往的时候感到快乐，而是后知后觉，在回味中体会快乐，这一点跟顺从型的人刚好相反。

他最突出的需求是完全独立，自力更生和私人空间都是为了这个需求而服务的。他自认为这种自由是有积极意义的。他不是任人摆布的机器人，所以有什么缺点都不重要。从这一点上来看，这种自由确实有一定的价值，他给自己树立了一个正直的形象，因为他不会盲目地依附别人，也不会参与任何竞争。不过，他把自由当成目的是一种错误，因为他忽略了“自由的最终价值在于他能帮助你做什么”。他的自由，不过是疏离他人的一种形式，远离群体是因为不想被影响，也不愿意被束缚和管制，更不想承担任何义务，这是一种消极的目的。

疏离型和其他神经症患者一样，对独立的需要是强迫性和不加选择的。说得具体一点，患者对于任何形式的强迫、影响和义务，都有着高度的敏感性，敏感的程度刚好也是衡量自我疏离程度的标准。不同的患者对于压迫的感受也不一样，有的人会感到物理上的压迫，比如衣领、领带、腰带、鞋子都会让他感到被束缚；任何对视线的阻挡，也会让他感到被压迫，比如在隧道或矿井里，他会表现得更加烦躁不安，这样的敏感很可能是幽闭恐惧症的诱因之一；患者尽可能地回避长期的约束，比如很难签订一年以上的租赁合同，抑或是结婚。因为，在任何情况下，婚姻对自我疏离者来说都是一个危险的行为，他们避免与人产生亲密关系，所以他们经常会患上婚前恐惧症。除非他们确定，伴侣会完全适应他们的怪癖。时间是无情的，从来没有停止过流逝，这也会让患者感到压力，为了保持对自由的幻想，他可能会每天上班迟到 5 分钟；就连火车时刻表这样的东西，也会对他造成威胁。疏离型的人从来不看时间表，他会在自己觉得合适的时间抵达车站，心甘情愿地在那里等下一趟火车。他从来不愿意按照他人的期望去做事，也不愿意遵循某种特定的方式去做事，只要产生这样的感觉，他不管是自己想象出来的，还是别人表达出来的，都会进行反抗。平时，他可能很喜欢送人礼物，但是别人很希望得到的礼物，他却总是忘记。那些长期以来形成的行为规范或传统价值观，是他最讨厌的东西。为了避免冲突，他会表面上顺从，但内心坚决不接受所有的传统教条和准则。对于别人给他的建议，哪怕和他心里想的一样，他也会拒绝，他认为那是别人对自己的一种控制。他总有一种想打败别人的愿望，不管是有意识还是无意识的，这种拒绝很可能就跟这个愿望有关。

所有的神经症患者都有对优越感的需求，但疏离型的人表现得更加突出，因为它与离群索居有着内在的联系。比如，我们平时说的“象牙塔”和“独善其身”就是一个很好的证明。人们甚至觉得，离群总是跟优越有关。除非内心特别强大和丰富，或者是觉得自己格外重要，否则很少有人能够忍受独处。这一点，在临床经验上已经得到证实。当疏离型的人遭遇暂时的失败，或内心冲突加剧，他们的优越感就会被粉碎一地，这让他们难以忍受，不得不寻求喜爱和保护。这种情况在他们的人生中经常会出现，在他 10 几岁或 20 出头的时候，可能有过一些不冷不热的友情，但总体来说，他的生活依然孤独。他经常会幻想未来，比如功成名就，但这些幻想最终都被现实击破了。读高中的时候，他可能是班里的佼佼者，但在上了大学后，却因为激烈的竞争而让他知难而退。他的第一次恋爱失败了，随着年龄的增长，他逐渐意识到自己的梦想可能很难实现，而孤独也令他难以忍受，在强迫性内驱力的作用下，他开始渴望亲密关系、渴望爱情和婚姻。只要有人爱他，他便会接受。当一个患者找到分析师要求治疗时，虽然他的孤立表现得很明显，但分析师很难帮到他，因为他提出的要求仅仅是让分析师帮他找到某种形式的爱。只有当他感到自己足够强大时，他才会如释重负地发现，他愿意一个人生活并且喜欢这样。他给人的印象就像是旧病复发，又回到了自我疏离的状态，但真实的情况是，他第一次有了充足的理由向外界证明，向自己承认，他想要的就是孤独。这个时候，才是分析师对自我疏离患者进行修通的最佳时机。

疏离型的人对优越感有着某种特性性质的需求。在他看来，别人轻易就能发现自己内在的美好品质，根本不需要付出什么努力，至于自己隐藏起来的优点，也很容易被人察觉到，无须刻意表现。他不会去努力超越别人，因为他不喜欢与人竞争。他可能会在梦里梦到一个藏着大量财宝的村庄，很多人为了目睹这些财宝，会不远千里慕名而来。这个梦跟所有的优越幻想一样，也有现实的成分，隐藏的财宝象征着他的智力和情感生活，但这种生活仅仅限于他的魔法圈之内。

与他人保持距离直接导致他产生了另一种表达优越感的方式，那就是认为自己“独一无二”。他可能会把自己想象成一棵大树，丛林中的树木在相互干扰的情况下长得并不好，所以他要让自己生长在山顶。在碰到伙伴时，顺从型的人会想：“他会喜欢我吗？”对抗型的人会想：“这个对手的实力如何？”或者“我能在他那里得到什么？”而对于疏离型的人，他最想知道的是：“他会干扰我做事吗？他是想影响我还是让我独处？”这种与他人待在一起时的恐惧情形，与易卜生在《皮尔·金特》中讲述的皮尔·金特与纽扣铸造机相遇的故事有雷同之处。他在地狱中有自己的一席之地，但要被投入一个大熔炉，要被铸造成别人或者适应别人，就是一个可怕的想法。他觉得自己像是一块珍贵的地毯，图案和颜色都很特别，永远不会改变。他没有因为环境的改变就发生改变，这让他非常自豪。他告诉自己，以后也要这么做。在他看来，所有的神经症所特有的僵硬性质，都是值得尊重的，不可侵犯的。这源自他对不变的热爱，他不会接受任何外面进来的东西，只想自己去扩充自己的图案，让它变得更加纯粹和清晰。就像皮尔·金特说过的一句话：“只要你坚持自己，那就足够了。”

在感情生活方面，顺从型和对抗型都有着固定的模式和积极的目标。前者追求的是喜爱、亲近和爱，后者追求的是生存、控制和成功。疏离型的人，目标是消极的，他们既不愿意参与，也不想让别人参与，更不愿意受到他人的干扰和影响，所以这种类型的个体之间的差别稍大。他的感情若是想要生存发展，变成某种特殊的欲望，就不能离开这种否定性的框架，唯有在这样的情形下，才能形成他们共有的少数倾向。

疏离型的人有一种普遍倾向，就是压抑所有的感觉情绪，甚至否认它们的存在。在此，我想借用诗人安娜·玛利亚·阿米的一段未发表过的小说，这段内容不但简洁地表述了这种倾向，还说出了疏离型患者的其他典型态度。主人公回忆自己的青春期时说："我可以体会到一种强烈的生理关系（就如我和父亲之间的血缘关系）和一种强烈的精神联系（就如我和我所崇拜的英雄之间的精神关系），但我不明白这当中有什么情感，情感根本不存在。人们总是撒谎说有情感，就像为了很多事而说谎一样。B 女士很害怕，她问我：'那你如何解释自我牺牲呢？'我一时间对她话中的真实性表示震惊，之后我断定，牺牲不过是另一种谎言，如果不是谎言，那就是一种生理行为或精神行为。我那时渴望独居，想象着不结婚，梦想着变得强大而平静。我想自己奋斗，越来越自由，为了活得更明白而不再幻想。我认为道德没有意义，只要你活得真实，善恶没有分别。最大的罪恶就是，寻求同情或渴望获得帮助。对我来说，灵魂是一座需要守卫的神殿，里面进行着古怪的仪式，只有祭司和护卫才懂的仪式。"

与他人保持情感距离的必然结果，就是对他人的爱恨情仇统统进行排斥。因为，有意识地经历强烈的爱恨，就一定会与他人亲近，要么就是发生冲突。这或许就是沙利文所说的"距离机制"。他不一定把人际关系之外受到压抑的情感在其他领域，如动物、自然、书籍、艺术等处变得活跃，只压抑一部分情感是不太现实的，尤其是最重要的情感，除非他能压抑所有的情感。这只是一种推测，但接下来要说的却是事实。疏离型的艺术家，在创作期间不但感觉强烈，还能够表达出来，他们都曾在青少年时期经历过感情麻木或坚决排斥情感的阶段。当他们想与人建立亲密关系的尝试遭到失败后，他们都有意或无意地过上了独居的生活。也就是说，他们有意或无意决定要与人保持距离，或者甘于孤独的时候，才进入了创作期。现在，他们能在与人保持安全距离的情况下，表达出许多与人际关系没有直接联系的情感。这就让我们认识到，早期对情感的排斥对后来实现自我疏离是必备的。

另外一个导致人际关系之外的情感压抑的原因，在我们探讨自给自足的时候就已经提过，那就是任何有可能导致自我疏离者产生依赖的欲望、兴趣和快乐，都会被他视为对自己的背叛。在他们看来，必须充分了解周围的情况，才能流露自己的感情，否则就会因此失去自由，而且任何对立的威胁都会让他选择退缩。当他发现周围的环境没有影响到他的自由时，他就会沉浸其中。梭罗的《瓦尔登湖》就很好地说明了这种情况下可能产生的深刻的情感体验。患者害怕沉溺于某种快乐中而导致自由受限，所以他有时宁肯选择做一个苦行僧。但是，这是一种特殊的禁欲主义，目的不是为了自我否定或自我折磨，我们或许可以将其称之为自律。

保持心理平衡的一个重要因素，是要有一些自发的情绪体验。比如，创造力可能是某种救赎，如果它受到压抑而无法表现出来，而后通过分析治疗或其他方法被释放出来，会对患者有很大的好处，甚至能奇迹般地治愈患者。不过，在评估这种方法的疗效时要慎重，因为这种方法对疏离型患者意味着救赎，但不一定对其他类型的患者有用，所以不能将其普遍化。对患者本人来说，这也算不上严格意义上的“治愈”，因为神经症的基础没有发生彻底的改变，顶多是让患者的失调程度得到改善，满意度有所提升。

情感被压抑得越严重，患者就越会强调理智的重要意义，他会指望所有事情都能通过理智的思维来解决，就像知道自己的问题在哪儿，就能够解决它们一样，或者仅仅凭借推理就能处理掉世界上的一切麻烦。

讨论过疏离者的人际关系后，我们会明显地看到，任何亲密和长期的关系都会影响他的独处，并因此产生糟糕的后果，除非他的同伴跟他一样喜欢独处，愿意尊重他对保持距离的需要。或者，他的同伴出于某种原因，乐于适应他的这种需要。索尔维格就是这样一位理性的伴侣，她一直忠贞地等着皮尔·金特回心转意，对他没有任何期望，她知道自己的期望会吓跑对方，还会让他难以控制自己的情感。多数时候，皮尔·金特并不知道自己的付出少得可怜，但他却认为自己已经把最珍贵的东西，以及从未表达和体验过的情感给了索尔维格。对他来说，只要能保持情感距离，他也许能够在一定程度上保持忠诚，也许能与人进行短暂的交往。但是，当这一关系遭到破坏，很多因素都会让他退缩回去。对他来说，两性关系是人类关系中非常重要的一种，只要这种关系是暂时的，且不会影响他的独处，他就会乐于接受。同时，这种关系还得有一定的限制，就好比把它关在专门的房间中一样。另外，他还可能对这种关系极其冷漠，不允许任何异性有越界的行为。一旦发生这样的情形，他就会用虚构的关系取代真实的关系。

分析的过程中涵盖了我们所描述的所有特征。疏离型的人讨厌分析，他觉得那种做法大大干扰了他的生活。不过，他也有可能会乐于观察一下自己，并为此着迷，因为分析师的分析给他带来了全新的视野，让他看到了自己内心复杂的斗争，因而他也有了更多的期待。他也许会对自己的梦境产生兴趣，或是沉浸在自己的自由联想中。他在假设找到证据时的兴奋，不亚于科学家的新发现。他感谢分析师给予他的关注和帮助，但如果对方强迫他走向他无法预料的方向，他就会产生排斥感。他担心分析师的建议会给他带来危险，他已经做好了全部的准备来防范外界对自己的影响。对于分析师的建议是否正确，他不是用理性的方式来证实的，而是用一种礼貌的、不直接反对的方式，盲目地拒绝所有和他自己对生活看法不一致的建议。他不喜欢分析师希望他改变自己，不管以什么样的方式。他也希望摆脱那些困扰自己的东西，但他不能背叛自己。他也会不断地观察自己，但又坚决不肯改变。所有的对抗只是他对自己态度的一种解释，但并非最好的解释，之后我们还会谈到其他的解释。他和分析师之间保持着一定的距离，在很长一段时间里，分析师就是一个外界的声音。他和分析师之间的关系，可能会出现在他的梦里，情境就像是两个记者在打越洋电话，乍一看这个梦像是在表达他对分析师及其工作的疏远感，但这只是一种在有意识中存在的态度。梦是寻求解决的途径，而不仅仅是对现实感受的描述，所以这个梦的深层含义是，渴望逃避分析师及其整个分析过程，而不是让分析师用某种方式跟他联络。

无论是在分析中还是在分析之外，我们都能观察到一个特点，那就是疏离型的人在受到攻击后会拼命捍卫自己的自由。所有的神经症患者都有这样的特点，但只有疏离型的患者才会竭尽全力来反抗，就如同拼命一样。事实上，努力跟分析师保持一定的距离，就是这种反抗的表现。换句话说，在他们还没有受到攻击的时候，就已经在用一个破坏性的方式暗自进行反抗了。倘若分析师告诉他，他们之间存在某种关系，或者说他内心存在某种冲突，并努力让他相信这个事实，那么患者可能会把自己的一些理性想法告诉分析师。如果要表现出自发的情绪反应，那他就不会继续深入下去了。他对人际关系的分析，一直都持抵抗的态度。通常，分析师和他人的关系是纠缠不清的，所以分析师很难弄清楚实际的情况到底是什么样子。患者和他人之间保持着一定的安全距离，但凡听到与之相关的话题，他都会感到忧虑，若要刨根问底的话，他更会觉得分析师是要让他融入群体。这不是他要的结果，他会对分析师产生怀疑。当分析师谈到最后，患者明白了远离群体的弊端后，他可能会产生恐惧的心理，也可能会因此而愤怒。此时，他就会想要放弃分析，甚至在分析以外的地方，他也会表现出激烈的反应。即便是很温和的人，在他的自由受到威胁后，他也可能会愤怒到辱骂分析师。一想到要参加集体活动，他就会感到恐慌，想到不仅要交费还要参与其中，这感觉更让他不寒而栗。当他被迫牵扯其中时，一定会想方设法让自己逃离。在这一点上，他甚至比生命受到威胁的人表现得还要急迫。一位患者曾经说过，要在爱和自由之间选择，他会毫不犹豫地选择自由。这就涉及到了另外一个问题，对于所有可能对疏离型的人的自由产生影响的想法，他都会不惜一切代价选择放弃，无论是外在的利益，还是内在的价值。

能够不惜一切代价去捍卫的东西，肯定有其独一无二的主观价值。我们只有了解了这一点，才能明白疏离的功能，最终为患者提供帮助。就像我们看到的那样，对于他人的每种态度都有积极的一面。亲近他人的人为的是跟外界建立一个友好的关系；对抗他人的人全副武装，为的是在竞争中生存下去；疏离他人的人为的是保持某种完整性，生活不受外界的干扰。其实，这三种态度都是人类发展必需的，也是可取的。只有当它们出现在神经症中时，才变得强迫、刻板、盲目和相互排斥。这就使得它们的原有价值遭到破坏，但还不足以摧毁它们的价值。

自我疏离有很多好处。在东方哲学中，人们似乎把孤独视为一种至高的精神境界。不过，这种孤独和神经症的自我疏离不太一样。前者的“孤独”是一种心甘情愿的选择，并是自我实现的途径之一，甘愿选择孤独的人，可能会过上一种与众不同的生活；神经症的自我疏离不是自由的抉择，而是内心的一种强迫，是他们唯一的生活方式。不过，患者还是能从中得到些许好处，这种好处的小大跟神经症的严重程度有关。虽然神经症有着强大的破坏力，但自我疏离的人有一定的诚信，在人际关系普遍友善诚实的社会中，也许几乎不值一提，可在一个充满虚伪、欺骗和残忍的社会中，一个不太强大的人的完整性很容易遭到破坏，保持距离有助于维持完整性。同时，神经症总是让人的内心难以平静，疏离为患者们提供了一个通往宁静的道路，这取决于他们愿意付出的牺牲程度。再者，只要在疏离型的人的魔法圈内，他们的感情生活就依然存在，疏离可能会给他们带来一些创造性的感受和想法。最后，这些因素加上他慎重思考后与世界的关系，以及相对缺乏转移注意力的事物，都有助于发展和表达创造力。当然，这不是说神经症疏离是创作的前提，而是说神经症状态下的自我疏离，能为患者提供一些潜在的创造力的机会。

虽然自我疏离有一定的好处，但这并非患者极力捍卫自由的主要原因。事实上，就算出于各种原因，这些好处也会被随之而来的各种烦恼掩盖，患者依然会进行强烈的防御。这就让我们不得不关注更深层次的问题：如果疏离者被强行要求与人建立亲密关系，他的精神很可能会崩溃。之所以用这个词语来说明，是因为它涵盖了多种精神病态，如功能障碍、酗酒、抑郁、自杀、工作能力丧失、精神错乱等。患者甚至是精神分析师，习惯把精神崩溃的原因归咎于此前发生的某一件事，如无缘无故遭到了歧视，丈夫外遇并对其撒谎，妻子的吵闹，一段同性恋的经历，在学校里不受欢迎，一直被家人照顾现在却要自食其力……这些都可能被归结为诱因。当然，这些问题可能真的是诱因，分析师应该认真对待，尽量理解并找出引发患者某种疾病的真正原因。但仅仅这样做还不够，因为仍然还有很多的疑问：为什么患者会受到如此强烈的影响？为什么他的整个心理平衡都被打破了，而这件事情看起来只不过是常规的挫败？换而言之，就算分析师明白了患者对某种困难作出了反应，依然还不够，他必须弄清楚为什么如此小的事件会引发如此强烈的反应。

要解释这个问题，我们就必须提到一个事实，疏离型的人和其他神经症患者一样，只要自我疏离能给他带来安全感，它就会发挥作用。当自我疏离无法发挥作用时，患者就会感到焦虑。当患者与他人保持一定的距离时，他会觉得相对安全；一旦有人侵入他的“领地”，无论出于什么原因，他都会感觉受到了威胁。为此，我们就能够理解，为什么疏离型的人在无法维护自己和他人之间的情感距离时，会感到强烈的恐慌。他之所以反应如此强烈，是因为缺乏应对生活的技能，他只能选择逃避。这也再次证明，疏离的消极特质让这一倾向跟其他神经症区别开来。再说得具体一点，疏离型的人遇到困难时，既不妥协也不抗争，既不合作也不提出要求，既不多情也不无情，他除了逃跑和躲藏以外，不会采取任何方式应对。在患者的联想或梦境中，也许会出现这样的画面：他像锡兰的侏儒，只要躲在森林里就所向披靡，一旦暴露就很容易被打败。他就像一座带有防护城墙的中世纪城镇，如果那面城墙被攻陷，城镇就彻底沦陷了。这种状态就充分解释了，他为什么总是会充满焦虑，也能帮助我们弄清楚一个道理：他把疏离作为一种全面的自我防御体系，不惜一切代价去捍卫它。从本质上来说，所有类型的神经症倾向都是防御，其他类型的患者会以积极的方式对生活作出努力，但疏离型有些特殊，当孤独离群成了占据主导地位的倾向时，他在应对生活方面就会显得十分无助，以至于把疏离当成唯一的防御手段。

疏离者之所以不顾一切地捍卫自由，还有一个深层次的原因。疏离型的人害怕自己的堡垒被攻破，害怕自由受到干扰，他们由此而产生的恐惧感不是暂时的。这种情况有可能导致精神紊乱，甚至人格分裂。如果分析期间患者的疏离状态遭到干扰，他势必会感到恐惧，而这种恐惧可能以直接或间接的情绪表现出来。他可能特别害怕待在人多的地方，这让他无法维持独立的状态，会感到惶恐不安。此外，他缺乏自我保护的能力，会感觉自己正被具有攻击性的人强迫和掌控，这也让他感到恐惧。此外，他还担心自己精神失常，这种可能性非常大，为了不让这样的事情发生，他又出现了第三重的惶恐。这种精神失常不同于发疯，它的根源不是自己不愿意为此负责，而是他担心自己人格分裂，这样的情形多半会出现在他的联想和梦境中。所以，放下疏离，就等于他要直面自身的冲突，这对他来说太难了。我有一位患者，就曾出现过这样的幻想，他根本无法承受，也没有能力调整。通过观察，这一假设得到了证实。内在冲突这种说法，让那些有着强烈自我疏离倾向的人非常讨厌，甚至无法压抑这种厌恶感。当分析师提到这个话题时，他会左右躲闪，假装听不懂。每次分析师成功地让他碰触到自己的内在冲突时，他都会本能地逃开这个话题，整个过程非常娴熟。让他意识到自己存在冲突，会让他感到恐慌，因为他没有做好思想准备。如果他在打算承认冲突之前，有一瞬间意识到了冲突，也会惊慌失措。要让他冷静地认清自身存在的冲突，就必须让他置身于内心的安全领域，但这样做又会加重他的自我疏离倾向。

这样，我们就得出了一个结论：**自我疏离是基本冲突的固有部分，也是患者用来应付冲突的防御方式。**这听起来有点令人费解，但如果我们进行具体的研究，就能解开这个困惑。自我疏离是用来保护自己应对基本冲突的更为积极的方法。在此我们还要强调，基本态度中的一种占主导地位，并不妨碍其他态度发挥作用。在疏离型的人身上，我们明显看到各种态度轮番上演，甚至比前面描述的两种类型还要明显。首先，这些矛盾存在于患者的成长经历中，在明确表现出疏离倾向之前，他可能会经历顺从、依赖和反抗的阶段。疏离型的价值观是矛盾的，跟其他两种类型的价值观有鲜明的区别。

对于他自认为独立和自由的东西，他会高度认可，可在另外的时刻，又会极力推崇利己主义的丛林法则。这些矛盾可能让他自己也感到困惑，但他总是用理性来否认它们的冲突特质。如果分析师未能弄清楚这种人格结构，很可能会被弄糊涂。疏离型的人可能并未远离其中一条路，就试图顺着另一条路走，因为他一次次地躲进孤独中，关闭所有的大门。

在疏离型患者的特殊抵抗中，隐藏着一个完美而简单的逻辑，那就是他不想让自己跟分析师之间有什么联系，或者说他不愿意作为一个人而进行自我认识。他原本就不想分析自己的人际关系，也不想面对自己的冲突。如果我们意识到这一点，就会发现，他对冲突分析毫无兴趣。他的出发点很简单，就是与他人保持安全的距离，如此就不用操心与他们的关系，因为这些关系的失调会让他感到紧张。即便是分析师提出的那些冲突，也能让它们暂时停止，因为它们会干扰他，让他心烦。不管怎样，他都不会从自我疏离中走出半步，就像我们前面所说，这种无意识的推理在逻辑上是正确的，至少在一定程度上是这样。他忽略并长期拒绝承认的，是他不可能在真空中成长和发展这一事实。

疏离型患者的首要任务，就是要避开主要冲突，这是对抗冲突最有力的防御方式。作为众多创造出虚假和谐的神经症方式之一，自我疏离试图通过用逃避来解决冲突。其实，这并非真正的解决，因为患者对于亲密、控制、利己等的强迫性需要依然存在，这些强迫性需要即便不影响他们的思维，也会不停地困扰他们。最后，**只要相互矛盾的价值观还存在着，患者就永远不可能获得真正的平静和自由。**

⚪ 第六章　理想化意象

讨论了神经症患者对他人的基本态度后，我们了解到他们试图解决冲突的两种方法，或者说是两种应对冲突的方法。一种是压抑人格中的某一方面而凸显它的对立面，另一种是让自己跟他人保持一定的距离导致冲突无法发挥作用。这两种方法都能给患者带来统一感，但他们为此付出的代价也很大。

这里我们还要进行一种尝试，那就是创造一个意象，让患者相信自己是这个样子的，或者觉得自己应该是这样子的。有意识或无意识的，这个意象通常都跟事实相距甚远，但它却能实实在在地影响生活。更重要的是，它能给患者带来满足，就像《纽约客》中的漫画所描述的那样：很多中年妇女在镜子里看到自己是一个身材曼妙的少女。理想化意象的具体特征，和人格结构有关。有的可能是突出美好、权力、天赋、慈爱、诚实，或者是患者所希望的任何东西。唯一不变的是，这种意象是脱离实际的，它通常会让患者变得傲慢自大。尽管“傲慢”经常会被当成“目空一切”的代名词，但它真实的意思是，将自己不具有或潜在具有，但事实上并没有表现出来的品质占为己有。这种意象越是不现实，患者就越脆弱，越渴望得到外界的认可。对于那些确信自己拥有的品质，我们无须他人的证实，但如果别人对我们自认为有而实际上没有的品质表示怀疑时，我们就会变得十分敏感易怒。

我们可以看到，理想化意象在精神病的自夸妄想中表现得最为明显，但在神经症患者身上，这种表现也如出一辙。虽然幻想的成分不多，但对他们来说同样觉得很真实。如果把我们这种理想化意象与现实脱节的程度作为区别精神错乱和神经症的标准，那我们可能会认为理想化意象是神经症中精神错乱的表现。

从本质上来说，理想化意象是一种无意识现象。即使是没有经验的观察者，也能明显看出神经症患者的自我膨胀特点，但是患者自己并不知道自己的理想化，也不知道这种理想化意象中有多种古怪的性格。他可能会隐约觉得自我要求过高，把这种对完美主义的追求误认为是真实的理想，不会怀疑这些要求的正当性，甚至还引以为荣。

每一位患者创造出的理想化意象，对他态度的影响都不一样，这很大程度上取决于他的兴趣所在。如果神经症患者的兴趣在于让自己相信他就是自己的那种理想化的形象，那么他会更加确信，他本身就是一位才子、一位完美的人，就连瑕疵都是神圣的。如果患者认清了现实中的自己，和理想化意象相比，这个真实的自我就会显得卑劣，他也会因此妄自菲薄。这种因为自我轻视所产生的自我和理想化意象一样脱离现实，我们可以将其称为鄙视意象。最后，如果患者关注的是理想化意象和现实自我的差距，那么他会为了弥补差距和鞭策自己而不断努力。他会不停地重复“应该”这个词，会向人唠叨他应该怎样觉得，他应该怎样做。他相信自己实际上是可以完美的，只要对自己更严苛、更自控、更机敏、更谨慎，这就暴露了他骨子里和天真的自恋的人一样，相信自己生来就是完美的。

理想化意象的特点和理想不同，它是精致的，并非通过努力就能达成的目标，而是一个被人膜拜的僵化观念。理想具有能动性，能唤醒人的内在动力，促进人成长和发展。理想化意象却不然，它会阻碍人的成长，因为它总是否定缺点，或是谴责缺点。真正的理想会让人变得谦虚，而理想化意象却会让人变得傲慢。

不管如何定义理想化意象，人们很早以前就已经意识到了它的存在，各个时代的哲学著作中也都提到过它。弗洛伊德把它引入了神经症的理论，并给它取了诸多名字，如自我理想、自恋和超我。同时，它也是阿德勒心理学的核心论点，并被阿德勒称为“为获得优越感而付出的努力”。如果要详细地解释这些观点与我的观点有什么不同，也许会偏题太远。简单来说，所有的这些理论都只关注到了理想化意象的某一个方面，而没有从整体上去观察这个现象。除了弗洛伊德和阿德勒，还有不少其他作者，如弗朗茨·亚历山大、保罗·菲德尔、伯纳德·格鲁伊克和厄内斯特·琼斯，也都探讨过这个问题，但他们同样没有认识到这个现象的全部意义和功能。那么，它的功能是什么呢？显然，它满足了人们的基本需要。无论作者在理论上的解释有何不同，但有一点是公认的，那就是它相当于神经症的堡垒，很难攻克。比如弗洛伊德认为，这种根深蒂固的自恋态度是治疗中最大的障碍。

理想化意象最基本的功能，是取代了现实中的自信和自尊。一个神经症患者所遭到的破坏性的经历，几乎没有办法让他重新建立原始的自信。这种自信即便存在，也会在神经症发展的过程中被不断削弱，因为自信赖以生存的条件经常被摧毁，而这些条件是很难在短期内形成的。最重要的因素是情感活力，是自己确立的真正目标能不断得到发展，是积极地、主动地在生活中发挥自身的能动性。无论神经症如何发展，这些因素都很容易被毁掉，神经症倾向会削弱患者的决策能力，驱使着他去作决定，而非发自内心地去作决定。神经症患者对他人的依赖性，不断地削弱他自我决策的能力，这种依赖可能是盲目地反抗、盲目地追求，或者是盲目地疏离他人。另外，由于患者压抑了各方面的情感，导致这些情感无法发挥作用。所有的这些因素导致他几乎不可能实现自己的目标。还有最重要的一点，就是基本冲突造成了他自身的分裂。患者丧失了自己的根基，只能无限夸大自己的重要性和力量。这也是为什么理想化意象永远都让患者产生一种无所不能的想法。

理想化意象的第二个功能，与第一个功能关系紧密。神经症患者在真空中是不会感觉脆弱的，但他会对充满敌人的世界感到恐慌，担心别人欺骗他、羞辱他、挫败他、控制他。为此，他必须不断地拿自己和别人较量，这不是因为虚荣和任性，而是迫不得已。他骨子里就认为软弱是可鄙的，就像我们后面会看到的那样，他必须寻找某种东西让他觉得自己优于他人。无论他采用的形式是高雅的还是残忍的，是友好的还是愤世嫉俗的。不过，这里面不包括想要超越别人的倾向。多数情况下，这一需求包含了一种想要超过他人的成分，无论是哪一种类型的神经症患者，都有脆弱的地方，总是在提防被他人轻视和羞辱。为了消除这样的脆弱感，患者需要一种报复性的胜利，这种需要可能主要存在并作用于神经症患者的思维中，它可能是有意识的，也可能是无意识的，但却是神经症患者渴望优越感的主要驱动力之一，带着一种特殊的色彩。我们文化中的竞争精神，不但有利于培养神经症，通过造成人际关系的紊乱，还供养了人们想要高人一等的需求。

我们已经知道理想化意象是怎样取代真正的自豪与自信的，但它还有另外的取代作用。神经症患者的理想没有办法对它们产生任何的约束力，也没有办法给予它们任何的指导，因为它们是模糊不清的，是相互矛盾的。如果不是对自创的偶像的追求给生活带来某种意义的话，患者会彻底丧失生活目标。当他的理想化意象一点点被瓦解时，会给他带来短暂却巨大的失落感。在分析的过程中，这一点表现得尤为突出；唯有在这个时候，患者才能认识到自己在理想上的困惑，并意识到这种理想是不现实的。在此之前，他对这个问题既不感兴趣也不理解，虽然在嘴上说他很在意；而现在，他第一次意识到理想是有某种现实意义的，并想知道自己的理想到底是什么。我想说，这种体验证明了理想化意象取代了真实理想。了解这个功能对于治疗十分有用，分析师可能很早就指出了患者价值观中的矛盾，但他不能指望患者对这个问题有什么建设性的兴趣，因此也就无法修通它。只有等到患者彻底放弃他的理想化意象，才有可能处理这个问题。

和理想化意象的其他功能相比，有一种特定的功能造成了它的刻板化。如果我们私下把自己视为道德楷模或者完美的人，那么即使是最明显的错误和缺陷也会被隐藏起来，甚至变成优点，就像在一幅画中，原本破旧不堪的墙壁不再是原来的模样，而是一种褐色、灰色和淡红色的完美组合。

只要我们提出一个简单的问题，就能更好地理解这种防御功能：一个人是怎样看待自己的错误和缺点的？乍一看，这似乎是难以回答的诸多问题之一，因为我们最初会想到无数种可能性。但不管怎样，依然有一个具体明确的答案。一个人如何看待自己的错误和缺点，取决于接受和拒绝自己的哪些特质。在相同的文化背景下，基本冲突的哪一方面占主导地位才是决定因素。比如，顺从型从来不觉得自己的恐惧和无助是缺点；抵抗型的人却会把这种感受视为耻辱，想要对自己和别人掩藏起来；疏离型的人不愿意看到自己的独处并非自由的选择，也不想知道他必须隔离是因为难以应对他人，等等。通常，两者都拒绝施虐倾向，这一点我们后面会谈到。因此，我们可以得出结论：那些被视为缺点并遭到拒绝的东西，往往是与患者对待他人的态度不协调的东西。我们可以说，理想化意象的防御功能就是否认冲突的存在，这也正是理想化意象为何始终保持不变的原因。在意识到这一点之前，我总是想不通，为什么病人如此难以接受自己有一点点的缺点和瑕疵？但现在很清楚了，他无法作出任何让步，因为承认某种缺点就意味着他要面对自己的冲突，这会威胁到他建立的虚假和谐。为此，我们可以得出一个结论：在冲突的强度和理想化意象的僵化程度之间存在某种正相关，也就是说，理想化意象越是复杂和僵化，冲突就越严重。

除了上述的四种功能以外，理想化意象还有第五个功能，它也跟基本冲突相关。相比仅仅是延时冲突不可接受的部分，理想化意象也有积极的作用。它体现出患者的某种艺术性创造能够让对立的各方看起来相安无事，或者至少让患者本人看来，它们不再是冲突。下面会举例说明个中原因。为了避免赘述，我仅列出存在的冲突以及它是如何出现在理想化意象中的。

X 的冲突的主要特质是顺从，极度需要爱和支持，渴望被同情、被照顾，想要变得慷慨、体贴、友爱、富有同情心。占据第二位的特质是疏离，他讨厌参加聚会，强调独立，害怕与人联结，不愿意受人控制。他的疏离倾向不断地与其对亲密关系的需要发生冲突，经常导致他和女性关系的失调。此外，他还有强烈的对抗性驱力，表现为在任何情境下都渴望争第一，间接地控制他人，偶尔直接地利用他人，且无法忍受任何干涉。这些倾向自然让他结交朋友和求爱的能力降低，并与他的疏离倾向相冲突。由于他没有意识到这些驱力，于是就虚构了一个理想化意象，这种意象把三种角色组合在一起：他是一位良师益友，在每个女人眼中只有他一个男人，没有谁比他更善良、友好；他是那个时代最伟大的领袖，一个令人敬畏的政治天才；他还是一位伟大的哲学家、智者，能够洞悉生活的意义和生命的价值。

这个理想化意象不是完全幻想出来的。患者在各方面都具有极大的潜力，但这些潜力已经被提升到了既成事实的水平，已经被提升为伟大独特的成就。另外，驱力的强迫性本质被掩盖，而被患者自认为拥有的天赋才能所取代；他认为自己有爱的能力，而不是对爱和支持有神经症需要；他认为自己有出色的天赋，而不是超越他人的动力；他认为自己独立而富有智慧，所以不再需要与人保持距离。最后的一点，也是最重要的，他的冲突被以下的方式“消除”了：在现实生活中相互干扰让他无法发挥潜力的各种驱力，被提高至不切实际的完美主义中，被他视为一个丰富人格中相融的几个方面，它们所代表的基本冲突的三个方面，被孤立于构成他理想化意象的三个角色中。

关于分离相互冲突的因素的重要性，我们还可以从另外的一个例子里看到。Y 的主要倾向是自我疏离，他的疏离程度甚至达到了极端。他还有明显的顺从倾向，但自己却故意视而不见，因为这与他对独立的渴望不相协调。偶尔，他也会想要冲破压抑的包裹，努力变得友好，还有意识地想要亲近他人，但这又与他的疏离需要相冲突，所以他只能在想象中让自己变得冷漠：他沉迷于大规模破坏的幻想中，真心想要杀掉所有干扰自己生活的人；他声称自己信仰丛林法则——强权即真理，以及冷酷无情地追求个人利益，它们是唯一明智和不矫情的生活方式。然而，在现实生活中，他却特别胆小懦弱，只有在某些特殊情况下才会显露出强势的一面。

他的理想化意象很复杂，是下列角色的奇怪组合：多数时候，他是独居山林的隐士，有着无穷的智慧；偶尔，他会变成狼人，丧失人性，一心只想着杀戮。除此之外，他还是一位理想的情人和朋友。

在此我们看到，他也是否认神经症倾向、自我扩张，错把潜力当作现实。尽管在这种情况下，他没有尝试调和冲突，矛盾依然存在，可对于真实的生活而言，这些倾向显得十分简单而纯粹。它们是相互独立的，互不干涉，这刚好是患者渴望的，因为这样冲突就能“消失”了。

再举一个更有统一性的理想化意象的案例。Z是一个对抗型倾向占主导地位的患者，并伴有施虐倾向。他霸道跋扈，喜欢剥削他人。在野心的驱动下，他残酷地奋进。他善于谋划，有组织能力，非常善战，有意识地信守丛林法则。他离群索居，但在对抗倾向的驱力下，他又总是让自己置身于人群中，与别人纠缠在一起，这样一来自然就无法保持独立。不过，他严防死守，绝不让任何人闯入自己的禁地，也不让自己享受任何人带来的快乐。在这一点上，他做得很出色，因为他压抑了对他人的好感，对亲密关系的渴望也只限于性关系。可是，强烈的顺从倾向和对赞同的需要，又干扰了他对权力的追求。此外，他还有自己的道德标准，它们主要是用来鞭策他人，但他也会无意识地用在自己身上，可是这些标准却与他的丛林法则有着严重的冲突。

在他的理想化意象中，他是一个身披铠甲的勇士，也是高瞻远瞩的领袖，永远追求权力和正义。当他作为英明的领袖时，他不与任何人交友，只是通过严格而公平的纪律来做事。他诚实不虚伪，异性都喜欢他，他是理想的情人，但他不会钟情于任何一个异性。就像其他例子一样，他也达到了同样的目的，那就是把基本冲突的各种元素混合起来。

可见，**理想化意象是一种解决基本冲突的尝试**，它和我在前面讨论过的其他途径一样重要。**它有着巨大的主观价值，可以作为黏合剂，把分裂的人格聚拢在一起。虽然它只存在于患者心中，但还是对患者**

和他人的关系产生了不可小觑的影响。

有人会把理想化意象称为一种虚假的或是幻想的自我，这种观点只说对了一半，很容易误导人。患者单方面地创造出自己的理想化意象，这确实令人震惊，特别是当它发生在一个务实的人身上时。但这并不能说明理想化意象是纯虚构的，它跟现实中的很多因素相连，且是在它们的相互作用下创造出来的，隐藏在背后的理想往往是真实的。更为重要的是，这种理想化意象产生于患者内心的真实需要，能够发挥现实的功能，并对患者有着十分现实的影响。只要我们认识到它的创造过程有非常明确的规律，并了解其特点，就能准确地推测出患者真实的人格结构。

不管这种理想化意象有多少幻想的成分，但对神经症患者来说，它是有现实价值的。理想化意象越牢固，患者就越认同，他的真实自我就会自动地隐藏。由于理想化意象的作用，这种对事实的颠倒必然会发生，它是为了隐藏真实的人格而突出理想化的自我。结合过往许多患者的情况，我们有理由相信，理想化意象的建立通常是救命的稻草，当理想化意象受到攻击的时候，患者的反抗是完全合乎情理的，至少是符合逻辑的。只要他认为这种意向是真实的、完整的，他就能感觉到自己的重要性、优越性和统一性，哪怕这种感觉完全是虚幻的。如此他就会觉得，因为自己与别人不同，所以有权利提出各种要求。如果他允许这种意象破灭，他很快就会受到威胁；他要面对自己所有的缺点而无权提出特殊的要求，并在自己眼中，成为一个无关紧要的角色，甚至是一个令人鄙视的角色。更糟糕的是，他要面对自己的冲突，和被冲突分裂的恐惧。他听到一个福音，这就是让他变成更好的人的机会，这些矛盾给他带来的经历比他的理想化意象更重要。可惜，在很长一段时间里，这种福音对他没有任何意义，因为他太害怕冒险迈出这一步了。

理想化意象有着强烈的主观价值，如果不是因为它还有缺陷，它的地位是难以动摇的。首先，构成它的元素中很多都是虚幻的，这个建筑的根基一点都不稳。同时，它里面还装了大量的炸药，让患者变得极度脆弱，稍有质疑和批评，就会让他内心的动力分崩离析。他必须约束自己的能力，才能让自己避开危险；他必须回避自己不受欣赏和认同的情境，必须逃离没有把握的任务，他甚至会非常厌恶作出任何努力。对他来说，他是一个极具天赋的人，仅仅是构想他可能画的一幅画，他就已经是大师级别的人物了。如果让他像其他平凡人一样通过努力获得成就，他会认为这是对自己的侮辱。由于现实的成就都离不开努力，所以他的这种态度会让他所追求的每个目标都变得遥不可及。所以，他的理想化意象和真实自我之间的差距，也变得越来越大。

他渴望他人不断的赞美、认可、奉承，但无论哪一种，都只能给他带来暂时的安全感。他也许会不自觉地憎恶所有成功的人，或是某方面比他优秀的人，比如更加自信、沉稳、有见识的人，这些人威胁到了他对自己的评价。他越是执着于自己的理想化意象，这种憎恨感就越强烈。如果他不断压抑自己的傲慢，他可能会盲目地敬佩那些夸大自己重要性并表现得十分傲慢的人。他喜欢的只是自己的想象。当有一天，他意识到了自己所敬仰的偶像只对他们自己感兴趣，只关心对他们的恭维和奉承，就会陷入深深的失望中。

也许，理想化意象最大的缺陷是疏离自我。如果不疏离自我，我们就没有办法压抑或消除我们的本质部分，这是神经症过程逐渐产生的变化之一，虽然它是在不知不觉中形成的。患者没有办法了解自己真实的感受、喜好、厌恶和信念，他不知道自己到底是什么样的。无法了解这一点，他就活在了自己的想象中。詹姆斯·巴里的小说《汤米和格丽泽尔》中的汤米，比任何临床描述都更能说明这个过程。当然，如果不是因为陷入了无意识中的伪装和合理化作用所编织的网中无法自拔，他也不可能如此。患者对生活丧失了兴趣，不是因为他本人在生活，而是他无法作决定，不知道自己到底想要什么。只有出现了困难，他才会领悟到，所有这些都证明了他对真实自我的不了解。要理解这种状态，我们必须认识到遮蔽内心的那层面纱必然会延伸到外界。最近，一位患者概括了这种情形："要不是这真实世界的干扰，我本来好过多了。"

最后，虽然理想化意象的创造是为了消除基本冲突，且在有限的范围内达到了这一目的，可它又在人格中造成了新的裂痕，甚至比之前更危险。大体来说，一个人之所以要建立他的理想化意象，是因为他无法接受自己真实的形象。从表面上来看，理想化意象遮掩了他的真实形象，可将自己抬高之后，他更加难以忍受真实的自我，他对自己更加不满和鄙夷，而且还会因为自己无法达到理想的高度而烦恼。所以，他在自我欣赏和自我鄙夷之间摇摆不定，在理想化意象和真实自我之间左右为难，难以找到一个坚固的中间地带。

由此，就产生了新的冲突，冲突一方面来自他的强迫性的、相互矛盾的努力，另一方面来自内心失调造成的专断，就像一个人对政治上的独裁所作的反应。他可能感觉自己就像独裁者所说的那么美好，或者会小心翼翼地努力达到这种标准。还有可能，他会对抗这种内心的逼迫，拒绝承担内心强加于他的义务。如果他作出的是第一种反应，我们会认为他是一个“自恋”的人，他不会接受批评，实际存在的裂隙并不会被他觉察。如果他是第二种反应，我们会看到一个完美主义者，就像弗洛伊德说的超我。在第三种情况中，这个人不会对任何人、任何事负责，他习惯动荡不定、不负责任以及持否定论。我特意谈到这些印象和表现，是因为无论他的反应是哪一种，从根本来说，他都是焦躁难安的。即便是反抗型的人，也试图推翻强加于己的这种标准。他也用这种标准去衡量他人，无非是说明他依然停留于自己的理想化意象中。有时，患者会在两个极端之间反复徘徊，比如某个时期他很想做一个大好人，可从中没有得到什么好处，他就转而走向反面，坚决反对这种“好”的标准。或者，他会从极端的自我崇拜一下转到追求完美，我们经常能看到这种态度的结合。依照我们理论的理解，这都说明一个事实：没有哪一种尝试是完全令人满意的，它们都注定失败，我们必须把它们视为患者作为摆脱难以忍受的处境而采取的手段。在任何困境中，我们会看到各不相同的应对手段，这种行不通，便换下一种。

所有这些尝试共同形成了阻碍正常发展的强大障碍。患者无法从错误中汲取教训，因为他看不到自己的错误。虽然他自认为获得了成功，但他最终还是会对自己的成长丧失兴趣。在谈到成长时，他想到的只是一个无意识的理想，即创造一个更加完美的理想化意象，一个没有任何瑕疵的意象。

所以，治疗的任务就是要让患者意识到他的理想化意象的具体情况，帮助他逐渐认识到它的功能和主观价值，让他看到这个意象必然引起的痛苦。然后，患者才会开始扪心自问：那样做是不是代价太大了？可如果要他断然放弃理想化意象，只能大大削弱了创造这个意象的需要之后，才有可能实现。

第七章　外化作用

我们已经看到，神经症患者为了缩小理想化自我与现实自我之间的差距，采取了各种华而不实的方法，结果却让这种差距变得越来越大。由于理想化意象的主观价值过于强大，他必须想尽办法让自己接受它。为了达到这个目的，他做了很多尝试，我们将在下一章讨论这些。在这里，我们只考察一种不太被人们所知道的，但对于神经症结构影响比较深刻的方式。

我将这种方式称之为外化作用，**指的是患者将内部感受当成好像是发生在他之外的倾向，认为是这些外在因素给自己带来了麻烦。它和理想化意象的目的一样，就是为了回避真实的自我。**与之不同的是，理想化意象对真实人格的再加工，依然停留在自身的范围内，而外化作用却是彻底地放弃自我。简单来说，患者可以在理想化意象中逃避基本冲突，可一旦现实自我与理想化意象的差距达到了难以容忍的地步时，他就无法再依靠自己了。到那时，他唯一能做的就是逃离自我，把一切都视为似乎在自我之外。

这种现象有一部分跟投射有关，即所谓个人问题的对象化。人们通常用投射作用来解释这样一种行为：自己身上有一些让自己讨厌的倾向和品质，却把它看成是别人身上的东西。比如，自己有野心、支配、自大、卑微等倾向，就怀疑别人也有这样的倾向。从这一点上来看，投射作用这个词是完全适用的。只是，外化作用更加复杂，推卸罪责不过是其中的一个防霉剂，他不仅会把过失归咎于他人，还可能会在一定程度上把自己的感受当成是别人的。一个有外化倾向的人，会对弱小国家的被压迫感到不安，但他意识不到自己受到的压迫。他可能察觉不出自己的失望，但却能深刻体会到他人的失望。更重要的是，他意识不到自己对他人的态度。比如，他感觉某人对自己生气，但实际上是他在对自己生气；或者他感到别人对自己的愤怒，实际上是自己对自己的愤怒。不仅如此，他还会把自己的好心情或坏情绪，失败或成功，全都归咎于外部。他把挫折视为宿命，把成功视为机遇，就连心情的好坏都跟天气有关。

当一个人感觉自己生活的好坏全都由他人决定时，他唯一想做的就是改变他人、改造他人、惩罚他人，或者保护自己不受他人的干涉。

如此一来，外化作用就会导致患者依赖他人，但这种依赖与爱的神经症截然不同，它还会导致过度依赖外部环境。无论这个人住在城市还是郊区，无论他的饮食习惯如何，生活作息如何，从事什么样的工作，这些东西对他都异常重要。因此，他获得了荣格所说的外倾性的人格特质。荣格认为，这种特质是天生的，属于气质倾向的单方面发展，但我认为，他是通过外化来试图消除没有解决的冲突。

外化作用带来的另一个不可避免的产物，就是给患者带来空虚和肤浅的痛苦体验，但这种感受又一次放错了位置。他感觉到的空虚不是情感上的，而是将其体验为饥肠辘辘，试图通过强迫性进食来消除这种感觉。或者，他担心体重不足，让自己像轻轻的羽毛，经不起狂风暴雨。他可能会说，如果什么都拿来分析，他就只是一具驱壳。外化作用越严重，他越像是一个影子，漂浮不定。

这就是外化过程的内涵。现在我们来看看，它到底是怎样帮助患者缓解自我和理想化意象之间的矛盾的。不管患者如何有意识地看待自己，二者之间的差异都会产生无意识的负面影响，他越是把自己认同于理想化意象，他的上述表现也就更加无意识。最常见的是，患者总是表现出自轻自贱、对自己发怒、感到压迫，这些体验让他格外痛苦，并以不同的方式剥夺了他正常的生活。

自轻自贱的外化作用，在表现形式上可能是轻视他人，也可能是觉得别人轻视自己。两种形式都很常见，至于哪一种占据主导地位，取决于神经症人格结构的形式。患者的攻击性越强，就越会觉得自己优秀，也更容易轻视别人；反过来，他如果有顺从倾向，因未能达到理想标准而产生自责，就越容易觉得自己一无是处。这种感觉的危害很大，它容易让人变得胆小懦弱，自我封闭，即使得到一点点的温情或好感，他也会感恩戴德，简直卑微到了尘埃里。同时，他无法接受真诚的友谊，只是把其当作不应有的施舍而茫然接受。在傲气十足的人面前，他毫无保护自己的能力，因为他自身有一部分特质与他们一致，他认为自己受到鄙视是合情合理的。自然而然，这些反应就会滋生不满的情绪，如果这种不满被压抑并积累，最终就可能产生爆炸性的力量。

尽管如此，通过外化作用自轻自贱依然有明显的主观价值。让患者感受到他的自我轻视，会摧毁他仅有的虚假自信，那可能会把他推向崩溃的边缘。被人轻视很痛苦，患者总希望能改变他人的态度，或是可以以德报怨，在心中暗叫不公。可如果是自我轻视，所有的这些东西都不起作用了，没有任何可以求助的余地，患者无意识中感到的自己的无望状态就会凸显。他不但会看不起自己的弱点，还会觉得自己很卑鄙、很可耻，一无是处，就连优点也成了缺点。换言之，他会感到自己就是自己最瞧不起的那种人，他会把这视为不争的事实，彻底失望。这就提出了治疗过程中医生要注意的一个问题，即最好不要触动病人的自卑感，等到他的绝望感逐渐减弱，并不再死守着理想化意象时，再进行这方面的工作。只有此时，病人才能面对他的自卑，并认识到他的卑微不是客观事实，而是自己的主观感受，产生于自己过于完美的标准。在对自己变得宽容以后，他会明白这种情形是可以改变的，也会明白自己厌恶的那些品质并不是真的可鄙，而是他最终能够克服的困难。

要理解患者为何对自己愤怒以及这种愤怒呈现的规模，我们就必须知道，维持那种自己就是理想化意象的幻觉对患者的重要作用。理想化意象带给患者一种无所不能的感觉，他不仅会对自己无法达到这一意象的标准而失望，还会对自己感到愤怒。无论他在童年期遭遇过什么样的困难，自以为全能的他总觉得自己可以排除万难。现在，就算他清楚地认识到神经症有多么复杂，他依然无法彻底治愈它。当他面对相互冲突的驱力，并意识到无法实现相互矛盾的目标时，这种愤怒就会达到极点。这就是为什么，突然意识到冲突会让他陷入严重的恐慌中的原因之一。

对自己的愤怒的外化是以三种形式呈现的。当患者可以肆无忌惮地宣泄不满时，愤怒很容易发泄到自身之外，这时愤怒就转向了他人，要么是普遍性的烦躁易怒，要么是针对别人身上的具体错误而愤怒，而这一错误恰恰是他身上也存在并深恶痛绝的。举个例子或许能解释得更清楚。一位女性患者抱怨她的丈夫做事优柔寡断，但这种犹豫只跟一件不起眼的小事有关，很明显她在小题大做。因为我知道她本身也有优柔寡断的缺点，所以我暗示她，她的抱怨恰好淋漓尽致地谴责了自己的缺点。听完我的话，她大发雷霆，恨不得把自己撕碎。实际上，在她的理想化意象中，她是一个果断的人，根本无法忍受自己的任何弱点。最特别的是，虽然这种反应让人吃惊，可在下次会谈时她却忘得一干二净。她似乎是突然看到了自己的外化倾向，但还并未打算放弃。

第二种外化形式表现为，患者会有意无意地感到害怕，或是担心自己都无法容忍的缺点会触怒他人。患者非常确信自己的某些行为会招致他人的敌意，倘若没有遭遇敌意，他反倒觉得奇怪。有一位患者的理想化意象是成为像《悲惨世界》里的神父那样善良的人，可她惊讶地发现，每次她立场坚定或是发怒时，人们比她表现得像圣人一样时更喜欢她。从她的理想化意象中，我们不难猜测到，她是顺从型。她的顺从最初始于亲近他人的需要，而她对敌意的期待又进一步加强了顺从的倾向。实际上，更严重的顺从恰恰是外化的主要后果之一，这一点也说明了神经症倾向是如何在恶性循环中不断加剧的。

第三种外化形式表现为，把注意力全放在自己身体的不适上。当患者不知道他对自己有愤怒时，他会明显感觉到身体处于紧张的状态，通常表现为肠胃失调、头痛和疲劳等。一旦他意识到这种愤怒，所有的生理症状都会消失。人们甚至怀疑，到底是把这些生理表现称为外化，还是把它们视为因压抑愤怒而产生的生理后果，我们很难辨别出患者到底是利用了哪些表现。通常，患者总是迫不及待地把自己的心理问题归结于生理疾病，又反过来把某些生理疾病归因为外部的某种刺激。他很想证明自己没有心理问题，只是因为吃错了东西而导致肠胃疾病，或是因为过度劳累而疲乏，或因为湿气太重而引发风湿病。

至于神经症患者能从外化愤怒中获得什么好处，这几乎跟自轻自贱的情况一样。不过，有一点需要补充，除非我们认识到这种自我破坏性冲动的真正危险，否则我们无法理解患者的病情究竟严重到什么程度。前面提到过的那位女患者，虽然只在某个瞬间有过自我毁灭的想法，但精神疾病患者可能真的会这么做，甚至会自残。如果不是因为外化作用，还会发生更多的自杀行为。弗洛伊德意识到自毁冲动的威力后，提出了一种死本能的说法，但这一概念阻碍了他真正地理解自我毁灭行为，从而也阻挡了有效治疗的进行。

内心压迫感的强度取决于理想化意象对患者人格的控制程度，这种压力很难评估。它比任何外部的压力都糟糕，因为外部的压力至少允许患者保留内心的自由。患者通常意识不到这种感觉，可一旦压迫感消除了，患者就会如释重负，重获内心的自由，可见这种压迫力有多强大。患者把自己承受的压力，通过外化作用转移到他人身上，这种行为跟神经症患者对控制他人的欲望有着大相径庭的效果，它们很有可能同时存在。不过，两者之间还是有细微的差别，外化内心压迫，不过是在他人身上寻求自己的愤怒标准，患者不会考虑到这种做法是否给他人带来痛苦，但这并不能说明他企图控制别人。清教徒的心理就是一个典型的例子。

还有一种外化形式同样很重要，它表现为患者极其敏感，外界任何一点点类似于强迫的东西都能引起他的强烈反应。这种过度敏感很常见，所有的观察者都发现了这一现象。这种敏感并不是全都来自于自我强加的压迫，很多情况下它还包括猜测他人意图的成分，也就是有受强迫的需求，为的是把愤怒转移到他人身上，从他人身上寻找这种强迫感。我们在疏离型患者身上会看到，他们坚持独立性具有强迫性特征，这种坚持必然导致此类患者对外界的任何压力都异常敏感。患者意识不到这种自我强迫的外化，它藏得很隐蔽，在进行治疗时很容易被分析师忽略掉。这是很遗憾的事，因为分析师与患者的关系在很大程度上被这种外化作用干扰了。患者很有可能故意不听从分析师的每一个建议，即便分析师真的找到了导致他敏感的原因。在这种对峙的局面下，所包含的破坏力就更加激烈了。虽然分析师很想让患者作出改变，可就算他真诚地告诉患者，他只是想提供帮助，让患者重新找回自己和生活的动力，患者也不会听。如果分析师不经意间对患者施加一些影响，会不会有效呢？事实上，由于患者不知道自己到底是什么样的人，也就无法选择该接受什么、该拒绝什么。尽管分析师已经很谨慎地不把自己的观念强加于患者，但这依然没有效用。而且，由于患者不知道自己苦于内心的压迫感，这种压迫感使他产生某种特定的行为模式，所以他只是不分青红皂白地反抗所有想要改变他的企图。无须赘言，这种徒劳的争斗不仅表现在分析过程中，还或多或少地出现在所有亲密关系中。只有对患者的内心活动进行分析，才能彻底消除这种情况。

更加复杂的是，患者越是顺从自己的理想化意象的要求，就越会把这种顺从外化。他会渴望达到分析师或其他任何人对自己的期望，或者他自认为那是别人对他的期望。他可能会表现得很情愿，但同时又暗暗积累着对这些“强迫”的憎恶。最终，他会认为所有人都试图支配他，而后对所有人心生恨意。

那么，一个人把内心所有的压迫外化究竟能得到什么呢？只要他相信这种压迫来自外部，他就能反抗，哪怕只是通过内心保留的方式。同样，他还能够避免外部施加的约束，维持一种自由的幻觉。但是，更重要的是下面这一点：承认内心的压迫感意味着承认他不是自己的理想化意象，以及由此产生的一切后果。

这种内心强迫性是否会表现出生理症状，以及能达到什么程度，是一个很有意思的问题。在我的印象中，它跟哮喘、高血压和便秘有关。不过，我在这方面的经验有限。

我们依然要讨论与患者的理想化意象不符的各种特征的外化。总体来说，这些特征是通过投射起作用的，也就是说，患者会在他人身上看到这些特征，或把自己有这些特征的原因归结在他人身上。这两种表现不一定同时出现。在下面的案例中，我们可能要重复一些前面说过的内容，虽然有些东西是老生常谈的，大家也都知道，但这些例子依然能够帮助我们更好地理解投射的意义。

患者 A 长期酗酒，抱怨他的情人对自己关心不够。在我看来，这个抱怨并不属实，至少没有他说的那么严重。在外人看来，患者 A 深受冲突之苦：一方面，他顺从、温和、宽容；另一方面，他专横、傲慢、待人苛责。这就是攻击性倾向的投射。这种投射有什么必要呢？在他的理想化意象中，他把自己视为自圣·弗朗西斯之后最善良的人，是人们最理想的朋友。那么，这种投射是不是为了讨好他的理想化意象呢？当然！但投射也让他无意识地实践了自己的攻击性倾向，从而无须面对自己的冲突。他陷入了难以解决的两难境地：他无法改变自己的攻击性倾向，因为它在本质上是强迫性的；他也无法放弃自己的理想化意象，因为正是它保证了他不会精神分裂。投射就成了摆脱两难境地的办法，它具有一种无意识的双重性：既能保证他的攻击性需求，又让他具备了成为一个理想朋友的必需品质。

患者 A 还怀疑自己的情人对他不忠。这种怀疑没有任何依据，因为她对他的爱就像是母亲对孩子一样。实际上，是他自己喜欢拈花惹草，而且保密工作做得很好。我们可以认为，他是以己度人而产生了一种报复性的恐惧，所以他必须找到一个理由为自己开脱。就算我们从同性恋的角度来看，也难以解释这种情况，唯一的线索在于他对自己的不忠所持的特殊态度。他没有忘记这些情事，只是表面上记不起来，那些体验不再是活生生的感受。相反，情人所谓的不忠却栩栩如生。这就是他经验的外化，其功能与之前的例子一样，既能让他维持理想化意象，又可以随心所欲。

强权政治也可以作为一个例子。耍手腕通常是为了要削弱对手的实力，巩固自己的地位，但也可能是出于一种无意识的、类似上文所说的两难境地。如果是这样的话，耍手腕可能就是一种无意识的双重性的表现：它既能让人在斗争中使用权谋，又不必担心会玷污自己的理想化意象，同时它又提供了一个好办法，可以将我们对自己的愤怒和轻视都宣泄在他人身上，如果这些能宣泄在那些我们一开始就想打败的人身上，就再好不过了。

作为总结，我要指出一种常见的方式，这种方式就是把责任推到他人身上，尽管他人身上并不存在这些问题。很多患者一旦意识到自己的某些问题，立刻会在童年期追寻原因。他们会说，我对强迫敏感，是因为母亲很强势；他们容易被羞辱，是因为童年期遭到过羞辱；他们有报复心，是因为早年受过伤害；他们内向、孤独，是童年期缺乏理解；他们在性方面很压抑，是因为自己被父母以清教徒的方式抚养长大，等等。在这里，我说的不是分析师和患者一起对患者早年所受的各种影响进行的分析，而是说那种过分强调童年时期影响的分析，这样的分析可能没有任何效果，只会导致无止境的重复，因为他们对作用于患者身上的各种致病原因缺乏探索的兴趣。

由于这种方式受到弗洛伊德过分强调而得到支持，所以我们更应当仔细考察一下，这种态度中有多少是真理，有多少是谬误。病人的神经症发展确实可以追溯到童年期，而且他能提供的所有资料都与我们所了解的特殊发展情况有关。患者有神经症不是他的责任，这一点没有错，环境的影响很大，以至于他不得不以过去的方式来成长。由于某种原因，下文我们会谈到，分析师必须把这一点跟患者讲清楚。

患者的谬误在于，他对自己童年时期就形成的原因缺乏兴趣，但是现在，这些原因依然对他发挥着作用，并导致了他现在的问题。比如，他小时候见识过太多的伪善，这是导致他后来愤世嫉俗的原因之一。但是，如果仅仅把他的愤世嫉俗跟童年的经历联系在一起，就会忽略他当前愤世嫉俗的需要。这一需要源自他被相互矛盾的理想撕扯，因此他必须抛弃所有的价值观来试着解决这个冲突。此外，他还会在自己无法承担责任的时候选择承担，在应该承担责任的时候选择拒绝。为了打消疑虑，他会不停地回忆童年时期的经历，确信自己真的是被迫具有某些缺点，同时还觉得他本应该从早年的灾难中抽身而出，就像一朵出淤泥而不染的莲花。对此，他的理想化意象应当负一定的责任，正是因为它的存在，才导致他无法接受自己曾经有过或现在仍然有的缺陷或冲突。更重要的是，他对童年的反复回忆提及的正是一种自省幻觉，但由于他把自己的问题外化了，所以感受不到作用于内心的各种力量。所以，他没有办法设想，自己就是人生的掌控者。他已经不再是推进剂，而是觉得自己是一个沿着山坡往下滚的球，或是一只用于实验的豚鼠，一旦习惯就永远定型了。

患者过分强调童年，很清晰地体现出了他的外化倾向。所以，每次我遇到这种态度，我就会知道，这个人是完全疏离自我的，而且一直受离心驱力而远离自己。在这种预测上，我至今还没有出现过失误。

外化倾向也会出现在梦中。如果分析师在患者的梦境中以狱卒出现，或是患者的配偶关上了他想要通过的门，或者患者在追求目标的路上总是遇到阻碍，那么这些梦境都表明了患者的一种企图：否认内心的冲突，并将其归咎于外界的某种因素。

那些具有普遍性外化倾向的患者，会给精神分析带来特殊的困难。他找分析师就像去看牙医一样，认为分析师只要完成一项与自己无关的任务就行了。他对自己的妻子、朋友、兄弟的神经症感兴趣，但对自己的神经症没有任何兴趣。他可以敞开心扉谈论自己遇到的各种困难，却不愿意检讨自己在其中要承担的责任。他会觉得，如果自己的妻子不是那么神经质，或是自己的工作不那么令人厌烦，他会比现在好得多。在很长一段时间里，他都没有意识到情感因素对他内心所起的作用。他害怕鬼怪、窃贼、暴风雨，害怕身边有报复心的人，害怕政治局势的变化，但他从来不害怕自己。他最多对自己的问题有点兴趣，因为它们会给他带来思维或艺术上的乐趣。我们可以这样说，只要他在精神上没有存在感，他就没有办法把自己获得的任何领悟用到实际生活中去。为此，不管他对自己有多了解，他都难以改变。

从本质上说，外化是一种自我毁灭的积极过程。它可行的原因在于疏离自我，这种疏离始终是神经症固有的现象。随着自我的毁灭，内心冲突也就从意识中消失了。外化让患者变得更容易责备他人、报复他人或是畏惧他人，也就是说，外在冲突取代了内心的冲突。说得再具体一些，外化加剧了一开始引起神经症的冲突，也就是人与外界的冲突。

第八章 虚假和谐的辅助方法

一个谎言往往会引出第二个，而第二个谎言又需要第三个谎言来支持，以此类推，撒谎者就会陷入到复杂混乱的谎言网中，难以脱身。这样的事情很常见。如果某个人或某类人缺乏刨根问底的决心，这种情况就总是会出现在他或他们的生活中。遮遮掩掩并不是没用，但会造成新的问题，而新问题又需要新方法来解决。神经症患者解决基本冲突时，也陷入了这种局面中，跟前面描述过的情形一样，一切都于事无补。虽然从表面上看，患者似乎发生了一些彻底改变，但最初的困难依然存在。**神经症患者不得不将一个虚假的解决方案堆在另一个虚假的解决方案上，一个个堆起来，就像我们已经看到的那样，努力使冲突的某一面占主导位置。**他和往常一样，感觉自己被撕裂，他可能干脆离群索居。虽然冲突没有再发挥作用，可他的生活却摇摇欲坠。他创造了一个理想化的自我，在这个自我中他很得意，人格统一，可同时也制造了一个新的裂口。他试图将内心的自我从战场上淘汰来消除这个裂口，结果却让自己陷入更艰难的处境中。

这个不稳定的平衡很容易被打破，所以他必须采取进一步的措施来支撑。患者会求助许多无意识的方法，如盲区、区隔化、合理化、超限自控、绝对正确、左右摇摆和玩世不恭等。针对这些现象进行讨论是很困难的，我们不做这样的事，我只针对患者如何使用这些方法来应对冲突做一个简单的介绍。

人们很惊讶，患者为什么看不到自己的理想化意象和他真实形象之间的差距呢？毕竟，那些差距是很明显的。实际上，他不但看不到这些差距，就连眼前所面对的冲突也一样视若无睹。这种最不合理的现象就是盲区现象。每当我觉察到这一现象，就能注意到冲突的存在以及与它相关的一系列的问题。比如，有一位顺从型患者，他具备顺从型人格的所有特征，而他也坚信自己是一个善良的人，但有一次他无意中告诉我，在某次员工会议上他很想用枪杀死自己的一个同事。可以肯定的是，他的杀人念头在当时来说是无意识的，很多类似的破坏性渴望都是这样，但关键在于，他认为是开玩笑的杀人想法，不会玷污他那个圣洁的理想化意象。

另一位患者是一位科学家，工作严谨，是他所在领域的开拓者。

然而，在发表文章时，他却总是从碰运气的角度出发，挑选那些他认为会得到强烈反响的文章。和前面说的那位患者一样，他并没有意识到其中的矛盾。同样，一个自认为善良直率的男人，对从一个女孩那里索取钱财并花在另一个女孩身上的行为，也不以为然。

显然，上述的例子告诉我们，盲区作用可以让患者把潜在的冲突排除在意识之外。令人意外的是，这几个头脑清晰、有一定心理学知识的患者，竟然深陷盲区而不自知。想要解释这些现象，仅仅依靠"所有人都可能对我们不关心的东西视而不见"的说法是不够的，我们必须补充说明一点：我们对做某件事的渴望程度，决定了我们对待这件事的无视程度。简单概括就是：这种人为的盲点，只是意味着我们不愿意承认的冲突。那么，这就引出了一个更重要的问题：像上述几个案例中的矛盾，患者是如何做到视而不见的呢？毕竟这是很难做到的。但如果有了特定的条件，情况就不同了。比如，我们对自己的感情体验麻木不仁。再如，我们过着一种有隔间的生活，很早以前施特莱克就提出了这一条件。他不仅讨论了盲区，还谈到了逻辑严密的分隔方法：一部分给朋友，一部分给敌人；一部分给家人，一部分给外人；一部分对公，一部分对私；一部分给同仁，一部分给下属。对神经症患者来说，一个隔间中发生的事情和另一个隔间发生的事情，互不影响，两者完全隔绝开来。这种生活方式，只有当患者的冲突强烈到让他丧失了统一感的时候，才有可能实现。所以，区隔化同样是患者因为无法应对冲突而分裂的结果，与拒绝承认冲突没什么区别。到底是理想化意象导致了区隔化，还是区隔化导致了理想化意象，这很难说清。但有一点很明确，无视整体，只生活在隔间中，必然对理想化意象的发展产生催化作用。

要理解这种现象，就必须考虑文化因素。在复杂的社会系统中，人就如同一个个齿轮，个人的价值无法体现，自我疏离者比比皆是。我们的文化中存在各种各样的矛盾，个人对道德的感知力也愈发迟钝和麻木。人们对道德标准不屑一顾，即便是一位慈祥的父亲突然变成一个歹徒，也不会有人觉得奇怪。在我们周围，几乎找不到人格完整的人，因此也就显现不出我们自己的分裂状态。在精神分析中，弗洛伊德把心理学视为一门自然科学，摒弃了其道德价值。所以，分析师和患者一样，都看不到这种矛盾。分析师认为，自己有个人道德观或是对患者的道德观感兴趣，就是“不科学的”。可实际上，对矛盾的承认并不仅仅局限于道德领域，也出现在其他许多理论体系中。

所谓合理化，就是以推理的方式进行自我欺骗。人们通常认为，合理化主要的作用是为自己辩护，或者让自己的动机、行为符合大众的观念，这种看法在一定程度上是正确的。比如，生活在同一文化中的人，都按照同样的方式进行合理化，虽然要合理化的内容不尽相同。如果我们把合理化视为支持神经症患者制造虚假和谐的方式之一，就很容易理解了。患者以冲突为中心，热烈地建造着防御工事，在这座堡垒的每一个角落，我们都会看到合理化的影子。患者的主要倾向通过推理得到强化，他把那些可能会引起冲突的因素变小或进行修正，以此来掩饰冲突。关于这一点，我们不妨看看顺从型和对抗型人格。顺从型的人坚信自己是出于同情心而渴望帮助别人，但他实际上有强烈的支配倾向。如果支配倾向过于明显，他就会将其合理化为热心肠。对抗型的人在帮助他人时，坚决否认自己有同情心，他认为这样的行为完全是出于利益考虑。理想化意象需要大量的合理化行为来支撑：实际自我和理想化意象之间的差异，最后必须被归结为不存在。通过外化，患者用合理化的方法证明事情源于外部因素，或者用来证明自己那些无法令人接受的特点只是对他人行为的一种“自然”反应。

患者过度自控的倾向可能非常强烈，我一度将其视为原始的神经症倾向之一，它就像为了防止矛盾的情感泛滥而修建的堤坝。虽然一开始，它经常以有意识的行为出现，但不久后就会变得越来越自主。患者在进行自我控制时，不允许自己受到任何事物的影响，无论是自卑、愤怒、热情还是性欲。这样的患者在接受分析时，非常刻板，不会进行自由练习。他不愿意接受麻醉，宁可承受痛苦。哪怕他喝醉了酒，也不会表现得多么兴奋。总而言之，他试图压抑一切自发的行为和感觉。这些特点在冲突外显的患者身上，表现得更加明显，他们没有采用任何有助于掩盖冲突的措施，冲突的任何一方面都没有占据主导位置，也没有充分地保持自我疏离而让冲突无法发挥效用。他们只是用自己的理想化意象保持着不分裂的假象。可是，仅仅靠理想化意象是无法实现人格统一的，尤其是当理想化意象由多个相互矛盾的理想组成时，它的力量就更有限了，患者必须付出极大的努力才能达成统一。此时，患者需要靠强大的意志力来遏制冲突恶化，不管这一行为是有意识的，还是无意识的。愤怒容易引发破坏性冲动，所以他必须拿出更多的意志力来控制愤怒。然而，压抑的愤怒又会产生巨大的能量，他还得拿出更多的精力去控制它，这就形成了一种糟糕的恶性循环。如果分析师让患者注意他的过度自控，患者会为自己辩解，说任何文明人都会自控，而完全忽略自控的强迫性本质。他必须小心翼翼地进行这种自控，如果没有效用，他会陷入恐慌中。这种恐慌通常会表现为害怕精神失常，这明显说明，自控的功能就是逃避分裂的危险。

绝对正确有双重功能，即消除内心疑虑和外部影响。疑虑和犹豫不决，都是未解决的冲突带来的，严重时可导致患者无法行动。在这种情况下，患者很容易被外部因素支配。如果我们拥有坚定的信念，就不会轻易摇摆不定，可如果我们一辈子都站在十字路口徘徊，那么外部因素就很容易成为决定性因素，哪怕只是暂时的。此外，犹豫不决不仅指某种行为过程，还包括自我怀疑，也就是怀疑自己的权利和价值。

所有这些不确定因素都会损害我们应对生活的能力，但不是每个人都无法忍受它们。一个人越是把生活视为一场冷漠的战争，就越会把怀疑视为一种危险的弱点；他越是离群索居、坚持独立，外部因素就越容易成为引发愤怒的导火索。我的所有观点都表明：对抗型倾向和疏离型倾向相结合，并成为一个人的主导倾向时，最容易滋生出这种绝对正确；对抗倾向越明显，这种绝对正确就越强势。患者试图通过武断地宣称自己永远正确来一次性地解决冲突。在合理化的作用下，患者会发现情感是内心的叛徒，必须要控制它。这样或许能实现平和，但那是死寂一般的平和。所以，我们不难预料，这种患者讨厌分析，因为分析会对他内心的“平和”造成威胁。

另一种表现与绝对正确相反，但同样也是一种拒绝承认冲突的防御方法，那就是左右摇摆。有这种表现的患者，很像童话故事里的角色，只要遭到追击就会变成一条鱼。如果这种伪装还不安全，他就会变成一只小鹿；倘若猎人追了上来，他就变成小鸟飞走。你永远捉摸不透他的任何言论，他不承认自己说过，或者向你保证他说的不是那个意思。他总能把简单的问题变得复杂，让他明确表达出对某一件事情的看法是不可能的，就算他真的想明确表达自己的态度，到头来，听者还是不知道发生了什么。

他在生活中也一样混淆视听。这一刻他道德败坏，下一刻他又极具同情心；一时间他很热心，一时间又变得冷酷无情；在某些方面他们专横跋扈，在另一些方面又很谦卑；他急着找寻一位强势的伴侣，而自己却变成了“受气包”，然后又变成了一个强势的人；在做了对不起他人的事情后，他会因悔恨而极力弥补过错，然后又觉得自己是一个笨蛋，并再次口出恶言。对他来说，没什么东西是实实在在的。

分析师也会觉得迷糊，甚至没有办法展开分析。然而，这些患者只是没有采取惯常的统一性手段：他们不仅没有压抑自己的冲突部分，也没有建立明确的理想化意象。在某种程度上，他们证明了这些尝试的价值。我们前面讨论过的各种患者，无论他们的问题多么复杂，至少有有序的人格，没有左右摇摆型的人迷失得那么严重。另外，分析师还犯了一个错误，那就是他指望这是一个简单的分析工作，因为他觉得冲突很明显，无须从隐匿的状态中揪出来。很快他会发现，患者讨厌把问题明确化，甚至拒绝尝试治疗。他应该明白，这是患者拒绝深入洞察其内心的一种手段。

最后一种拒绝冲突的方法是玩世不恭，即否认和嘲笑道德观。每一种神经症都存在对道德的怀疑，无论患者有多教条地坚持他所接受的特定标准。虽然玩世不恭的根源有很多，但其作用不变，都是否认道德价值观的存在，从而使得神经症患者可以不必弄清楚自己到底相信什么。

玩世不恭可以是有意识的，然后变成马基雅维利传统中的一条准则，并得到捍卫。马基雅维利主义主张，一切都只是表象，人可以为所欲为，只要不被人抓住即可：只要不是真正的傻瓜，每个人都是伪君子。无论在什么场合，这种类型的患者对分析师提到的“道德”一词非常敏感，就像在弗洛伊德时代，人们对“性”一词的敏感。但是，玩世不恭也可能是无意识的，对普遍意识形态的口头应酬就是一个例子。虽然患者可能不知道自己玩世不恭，但他的言行却透露出他在按照这一原则行事。或者，他可能会不知不觉陷入矛盾中，就像有些患者自认为很诚实、很正派，却嫉妒那些喜欢用不正当手段的人，痛恨自己在这方面的不擅长。在治疗中，分析师在恰当的时候让患者充分意识到他的玩世不恭，并帮助他理解这一点，是非常重要的。另外，还要向他解释，为什么他应当建立一套属于自己的价值观。

上述内容都是围绕基本冲突核心所建立的防御手段。为了简明扼要，我将会把整个防御系统称之为防护结构。**每种神经症都发展出一系列防御手段，通常它们都会全部表现出来，只是活跃的程度不同。**

第二部分

未解决冲突的后果

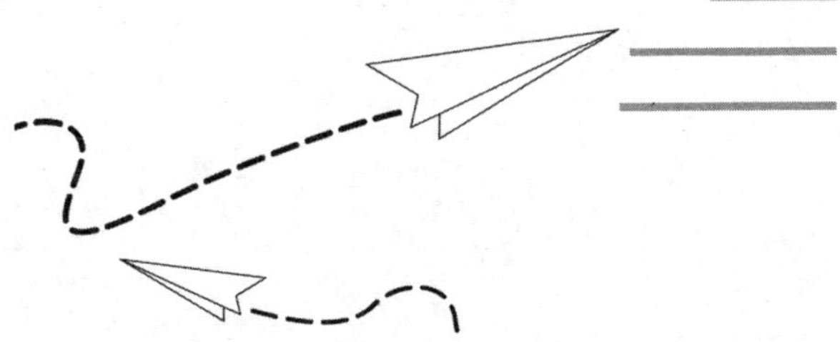

♂ 第九章 畏 惧

在深究神经症问题的意义时，我们很容易在复杂的现象中迷失方向。这很正常，如果我们不能正视它的复杂性，就无法理解神经症。不时地跳出来看看，能帮助我们重新调整视角。

我们渐次深入地探讨保护性结构的发展，看到了一个又一个防御系统是如何建立起来的，且它们最终都确立了一种静态机制。让我们印象最深的是，患者在这个过程中投入了大量的心力，我们更想知道，到底是什么原因让他们愿意花费如此大的代价来走这样一条艰难的路？我们自问：是什么驱动力让这个结构如此刻板、如此难以改变呢？建立防御系统的动力，难道仅仅是害怕基本冲突带来的破坏力吗？或许，用一个类比能让答案更清晰一些。当然，这个比喻或许并不完全准确，只能在最宽泛的意义上运用它们。让我们做个假设：一个人有着不太光彩的过去，但他通过伪装身份在社会中站住了脚，他很害怕被人发现自己的过去。随着时间的推移，他的境遇开始好转，结识了很多朋友，找到了工作，还成了家。他珍惜现有的生活，并产生了一种新的恐惧，就是害怕失去这种幸福。他以现在拥有的地位为荣，尽量忘记不堪回首的过去。他做了大量的慈善事业，捐助曾经的朋友，目的就是为了彻底抹杀过去的生活。同时他的性格也发生了很大的变化，将他卷入新的冲突中，结果他以伪装开始新生活的这一事实反倒成了新冲突下的暗流。

因此，无论神经症患者建立了怎样的防御机制，他的基本冲突依然存在，只是形势变了，某些方面缓和了，但另一方面却增强了。由于这个过程中固有的恶性循环，导致后来发生的冲突变得更加严重。致使冲突加剧的原因是，每一种新的防御机制都会进一步损害患者自己以及他人的关系，而冲突恰恰是源自这种关系。再者，随着新的因素在他的生活中起到越来越重要的作用，他开始害怕事情变成另外一番样子，担心自己的“珍宝”会受到威胁。从始至终，他跟自己的疏离让他越来越无法改变自己，从而无法摆脱他的困难。习惯成自然，就影响了他的正常发展。

患者的防护结构看似坚固，实则十分脆弱，本身还会引起新的恐惧，其中有一种就是担心平衡被打破。虽然这种结构给患者一种平衡感，但这种平衡感很容易被搅乱。患者并没有有意识地去认识这种威胁，但他依然能够通过很多方式感觉到它。经验告诉他，他会莫名其妙地出现问题，可能在毫无预感或最不想要的时候发脾气、兴奋、消沉、疲惫、羞怯等。所有这些经验让他感到不确定，感觉自己靠不住。他小心翼翼，他的失衡也可能表现在步伐或姿态上，或缺乏要求身体平衡的一切技术。

这种恐惧最具体的表现就是害怕精神失常。当这种恐惧达到一定程度时，患者会主动寻求精神科医生的帮助。在这种情况下，恐惧也会受到一种被压抑的、想做各种疯狂举动的冲动的影响，这种冲动带有破坏性，但是患者却不会因此产生负罪感。然而，我们不能因为患者害怕精神失常就认为他真的会如此，通常这种恐惧只是暂时的，只有在极其悲痛的情况下才会出现，它带给患者最强烈的刺激是对理想化意象的突然威胁，或是一种极度的紧张，以致危及患者的过度自控。比如，一位女患者原本相信自己性格平和、勇气十足，可当她在困境中感到无助、忧虑和暴怒时，就会产生这种恐惧。她的理想化意象曾经紧紧地束缚着她，现在突然崩裂，她害怕自己从此会四分五裂。我们说过，当一位疏离型患者被别人从他的“避难所”里强行拉出来并与他人接触时，他就会感到恐惧。这种恐惧可能会表现为担心自己精神失常，甚至真的出现精神失常的症状。在分析时，当一个患者费尽心力制造出虚假和谐，却又突然意识到自己陷入分裂状态中时，也会产生类似的恐惧。

临床经验证实，对精神失常的恐惧大都是由无意识的愤怒引起的。即便这种恐惧得到缓解，患者依然会充满忧虑，担心自己在醉酒、做梦或性兴奋、处于麻醉状态时生出暴力冲动，担心自己突然失控，辱骂、殴打甚至杀死他人。患者可能意识到了自己的愤怒，或者完全没有意识到自己的愤怒，在后一种情况下，患者会莫名其妙地恐惧，甚至出现头晕、出汗的症状，担心自己会晕过去。这种表现，反映出患者害怕自己控制不住自己的暴力倾向，是一种暗藏的恐惧。通过外化作用，无意识的愤怒会让患者害怕一切自身之外有潜在毁灭性的力量，比如他可能会害怕打雷、被窃、遇到鬼怪、蛇等。

不过，对精神失常的恐惧比较罕见，多数恐惧的突出表现还是害怕失去平衡。这种恐惧更加隐蔽，通常以模糊不清的形式表现出来，生活中的任何风吹草动都有可能引发这种恐惧。有这种恐惧的人在准备旅行、搬家、换工作、雇新佣人的时候，都会受到困扰。只要有机会，他们就会尽量避免这种改变。人格的稳定性也在被这种恐惧威胁着，患者不敢主动求医，特别是当他们找到了一种应付新生活的方式之后。当他们讨论精神分析的可取性时，会关心那些乍一看似乎符合情理的问题：精神分析是否会破坏自己的婚姻？会不会让自己暂时无法工作？会不会让自己变得更易怒？会不会与自己的宗教信仰冲突？我们将会在第十一章看到，这些问题从某种程度上来说，都是由于患者的绝望引起的，他认为不值得冒任何风险。然而，在他所关心的问题背后，却隐藏着一种真正的担心，那就是他需要确定分析不会搅乱他的平衡。在这种情况下，我们可以胸有成竹地断定，他的平衡特别不稳定，因此对他进行分析会很困难。

分析师能打消患者的这个忧虑吗？不能。任何一种分析，都必然会造成患者暂时的不安。分析师能做的就是深入分析这些问题，向患者解释他真正害怕的是什么，并告诉他虽然分析会暂时打破他的平衡，但可以帮助他建立一种更稳定的平衡。

另一种源于防护结构的恐惧是对暴露的恐惧，这是患者为了维护和发展防护结构而采取的伪装做法。我们将在谈到冲突如何让患者的道德诚信受损时描述这些虚伪的做法，现在我们只需要指出，患者想要对自己和别人表现得与真实的自己更加不同——更合理、更和睦、更强大、更冷酷。他究竟是害怕暴露于自己还是他人，真的很难说。在有意识中，他最担忧的是别人，而且他越外化自己的恐惧，就越担心别人会识破他。在这种情况下，他可能会说，他对自己的看法不重要，他可以从容面对自己的失败，只要他人不知情。实际情况并不是这样，但这却是他有意识的感觉，并可以表明他的外化程度。

害怕暴露的表现通常很模糊，患者要么觉得自己是骗子，要么就是对自己不喜欢的东西变得重视起来。他可能害怕自己没有别人认为的那么能干、聪明、有教养和魅力，因此转而害怕那些自己性格里并不具备的品质。有一位患者回忆，他年少时总担心别人认为他的好成绩是骗来的，每次转学他都忐忑不安，即使他再一次位居第一，仍然有这种担忧。他非常困惑，却无法找到原因。他想不通自己的问题，是因为想错了方向：他对暴露的恐惧与他的智力没有关系，只不过是被转移到了这里。实际上，这种恐惧在于他无意识伪装成一个不在乎分数的好人，但其实他是痴迷于一种战胜他人的破坏性需要。我们可以得出一个恰当的结论：害怕自己是骗子的这种恐惧，总是跟某种客观因素相关，但通常不是患者自己以为的那个。从症状上来说，它最显著的表现是脸红或害羞。由于患者害怕暴露自己无意识的虚伪，如果分析师注意到患者存在害怕被人揭发的表现，就断定他有引以为耻而隐藏起来的经历，就大错而特错了。患者不太会隐瞒这类经历，他越来越害怕自己身上一定有某种特别糟糕的东西，而这种东西是他在无意识中不愿意被揭露的。这种情境只会让患者更自责，而不会带来建设性的分析。他可能会详细讲述他的性经验或破坏行为的细节，但只要分析师意识不到患者正陷入冲突，且患者本人也意识不到自己看问题的片面性，那么患者对暴露的恐惧就会一直存在。

对神经症患者来说，任何意味着要经受考验的情境，都有可能引起他们对暴露的恐惧。比如，开始新工作、进入新学校、结交新朋友、考试、参加聚会、参加各种让他变得显眼的活动，哪怕只是参与讨论。在患者的意识中，失败就等于被揭露，所以他的成功根本不能改变他的恐惧，他会觉得成功不过是让他侥幸逃过一劫，如果下一次失败了，他会认为“这次原形毕露了”，而更加确信一直以来自己都是个骗子。特别害羞就是这种思维逻辑的表现之一，在新的分析情景中表现得特别明显。另一个表现是，患者在被人喜欢或被人赞赏时，会显得格外警惕，他会想：“他们现在喜欢我，可他们真正了解我以后呢？肯定会不喜欢我。”这种警惕可能是有意识的，也可能是无意识的。分析的任务是探索根源，因此在分析的过程中，这种恐惧必然会发挥它的功能。

每产生一种新的恐惧，都要增加一套新的防御系统。患者为了对抗被揭露的恐惧，有时不惜采取两种完全相融的手段。他原本的性格结构决定了他具体会采取哪两种解决手段。一方面，患者倾向于回避任何考验性的情境，如果无法回避，就选择内敛或自控，戴上一副面具，让自己变得高深莫测。另一方面，他们又无意识地尝试变成一个无懈可击的骗子，从而不再害怕暴露。这种态度不仅仅是一种防御策略，那些过着替代性生活的对抗型患者，会把糊弄作为一种手段，影响那些他想利用的人。对那些有公然施虐倾向的患者来说，分析师以影响他为目的所做的一切尝试，都会遭到狡猾的抵抗。在后面的内容中，我们会弄明白，这一特质是如何融入人格结构中的。

要理解暴露恐惧，我们必须回答两个问题：一个人到底害怕暴露什么？如果暴露了，他又在害怕什么？第一个问题我们已经回答了。

至于第二个问题，我们必须谈到防御结构所衍生出的另外一种恐惧，那就是患者惧怕遭到嘲讽、羞辱和鄙视。**患者对平衡遭到威胁的恐惧，源自防御结构的不稳定；对被揭露的恐惧，源自无意识的欺骗；而对遭遇羞辱的恐惧，源自受损的自尊心。**无论是理想化意象的产生，还是外化的过程，事实上都是患者用来弥补受损自尊的手段，虽然这两种方法加剧了对自尊的损害。

从俯视的角度看神经症发展过程中的变化，我们会看到两副跷跷板。当现实自尊的水平下去，不现实的自傲就会上来，患者觉得自己如此优秀、如此进取、如此独特，甚至无所不能。在另一副跷跷板上，我们看到神经症患者的现实自我被贬低，而他人却被抬得很高。在压抑、理想化和外化的作用下，患者看不清自我，即使他没有变成影子，也觉得自己是一个虚幻的影子。与此同时，对他人的需要和恐惧，让他人变得更加可怕，却又不可或缺。因此，患者的重心更加偏向他人，并将完全属于自己的特权让给他们。这样做的后果就是，他人对他的看法变得很重要，而患者的自我评价却不再重要。因此在患者心中，别人的意见更有权威和力量。

上述所有情况共同解释了神经症患者为什么无力面对忽视、羞辱和嘲笑。每一种神经症都有这些情况，所以才表现得极为敏感。如果我们了解到害怕被忽视的各种源头，我们就能看到，要消除或减轻这种恐惧并不是一个简单的任务，它只能随着神经症的缓解而得到减轻。

通常来说，这种恐惧的后果就是让患者远离他人，并对他人产生敌意。更重要的是，它能极大程度地减轻与之相应的痛苦。患者不敢对他人抱任何期望，或为自己制定高目标；他不敢以任何方式接近比自己地位高的人；他不敢表达意见，即便他可能真的有所贡献；他不敢锻炼自己有创造性的能力，即便他真的拥有这些能力；他不敢让自己变得有魅力，不敢给人留下印象；不敢争取更高的地位，等等。当他忍不住作出行动，一想到可怕的嘲笑就会退缩，躲在含蓄和尊严的背后避险。

还有一种比我们描述的这些恐惧更加难以觉察的，那就是凝缩作用，即压缩所有这些恐惧以及出现在神经症发展中的其他恐惧。患者会采用两种极端的态度对待这种恐惧：要么置之不理，期待改变在未来的某个时刻主动发生；要么急于改变，即使对问题还没有太多的理解。在第一种态度里，患者自以为看到问题的细枝末节或是承认缺点就足够了，为了实现他的自我，他必须改变自己的态度和倾向，这让他感到不安；他明白了这样做的道理，却还是无意识地拒绝接受。在第二种态度里，患者自称有了改变，一方面是痴心妄想，因为他无法接受自身的不完美，但同时也是由他的无意识的全能感决定的，他认为仅仅有让麻烦消失的这个想法，就能够将其消除。

患者除了害怕改变本身以外，还惧怕因改变带来的更糟糕的局面。他害怕理想化意象破灭后，变成自己最不喜欢的那个样子；他害怕分析会让自己体无完肤，变得一无是处；他害怕变得像其他人一样庸俗；他害怕任何未知的东西；他害怕现有的安全感和满足感被破坏；他还害怕无法改变。现在我们就会明白，神经症患者有多么地绝望，也会更加深刻地理解这种恐惧。

所有的这些恐惧都产生于未解决的冲突，它让我们无法面对自我，所以想要获得完整的人格，必须拿出勇气直面这些恐惧。如果说它们是救赎路上的炼狱，那不管多么艰难，我们也必须闯过去。

⚦ 第十章　人格的丧失

要探讨未解决的冲突带给患者的后果，就像进入一片无边无际、没有被人探索过的领地。也许，我们可以先从某些外显的症状入手，比如抑郁、酗酒、癫痫或是精神分裂，借此更好地理解特定的症状。但是，我更愿意从一个更普遍、更广泛的角度来考察它，并提出一个问题：未解决的冲突会给我们的精力、人格完整和人生幸福带来怎样的影响？之所以从这个角度出发，是因为我相信，如果不了解基本的人性基础，就无法理解这些症状的意义。现代精神医学倾向于找到一种便捷的理论来解释已有的综合症状，从临床医生的需要来看，这种倾向合情合理。但是，这样做不太切实可行，也不科学，就像一位建筑工程师还没有打地基就要建造高楼大厦的顶层一样。

我们前面已经提到过一些与此问题相关的内容，这里只需要简单地补充一下。其他要素在之前的讨论中比较隐晦，而这也正是需要补充说明的地方，我们的目的不是给读者留下一些含糊的观点，让他们觉得未解决的冲突是有害的，而是要向读者传达一个相当清楚全面的理解，那就是冲突是如何摧残人格的。

带着未解决的冲突生活，无疑会浪费巨大的生命力，这不仅是冲突本身造成的，还是由所有想要解决冲突的错误尝试造成的。当一个人处于分裂状态时，他很难全心全意地去做事，而总是企图同时实现两个甚至更多不相融的目标。这就意味着，他要么分散精力，就像培尔·金特这样的人物一样，他的理想化意象让他相信，自己可以超越一切。在这样的情况下，一个女人想要当一个理想母亲，想要做一个完美主妇，想要穿着体面，在社交和政治场合占据主导地位，渴望当一个忠诚的妻子，想要有婚外情，还想为自己做一些生产性工作。不用多说，这根本不可能实现，无论她有多么大的潜力，她的精力都会被浪费，也注定会失败。

更常见的是，相互矛盾的动机干扰了对某一目标的追求。一个人既想广泛交友，又想发号施令，他的想法永远实现不了。一个人希望自己的孩子在社会上有所作为，可他对权力的追求和他的自以为是，却让他难以如愿。一个人想写本书，可每当他无法立刻写出自己想写的东西时，就会头疼欲裂或无比疲倦。在这个例子中，依然是理想化意象在起作用：既然他才华横溢，为什么不能文思泉涌呢？当他没有办法做到文思泉涌的时候，他就会对自己发脾气。别人可能有一个跟他类似的、很有价值的想法，想在会议上表达出来，可他不仅要以令人印象深刻、令人自愧不如的方式来表达，还想受人喜爱，不招致反感，同时又因为他对自轻自贱的外化而预感要遭到他人的嘲笑。结果，他根本无法思考，他的想法也永远无法成形。还有一个人，他本可以做一个优秀的组织者，可由于他的施虐倾向，得罪了身边的每个人。我们无须再举更多的例子，只要看看自己或身边的人，就能发现很多类似的情况。

虽然患者缺乏明确的思维方向，但有一种情况例外。有时，神经症患者会表现出一种惊人的专一性：男性患者可能会牺牲自己的所有，甚至自己的尊严去实现抱负；女性患者可能什么都不要，只要有爱就足够；父母可能会把所有的心思都放在孩子身上。这样的患者让人觉得他是一心一意的，但就像我们说过的，他其实在追求某种看起来能够解决其冲突的幻觉。形式上的一心一意，其实是出于绝望，而不是人格整合。

消耗精力不只是冲突性需要和冲动，保护性结构的其他因素也有相同的效用。由于基本冲突的某些部分被压抑，患者的整个人格都被遮掩起来。被遮挡的人格依然会起到干扰的作用，只是它们没有办法投入到建设性的用处上。因此，压抑造成了精力的耗损，而这些精力原本可以以其他方式用在建立自信、与人合作或建立良好的人际关系方面。我们再讨论一下另外的一个因素，那就是自我疏离剥夺了一个人的执行力。他虽然能成为一个好员工，在外部的压力下能做很多事，可当他必须依赖自己时，就可能崩溃。这不仅仅意味着，他没有办法在闲暇时做任何有建设性或有趣的事，还意味着他的创造力可能完全被糟蹋掉了。

多数情况下，许多因素组合在一起导致了患者大面积的弥散性压抑。为了理解并最终消除某一种压抑，我们通常必须对这种压抑反复地研究，从我们已经讨论过的不同角度来处理它。

精力的浪费或使用不当，可能源自三种主要的失调，它们都是未解决的冲突，其中之一就是左右摇摆，它可能表现在所有的事情里，不管是大事还是琐事。患者可能永远都在犹豫，是吃这道菜还是吃那道菜？是买这个箱子还是买那个？是看电影还是听广播？他们可能无法选定一个行业，或在职业内变动；无法在两个女人中作出选择；无法决定是否要离婚；无法决定是一死了之还是继续活下去。在面对一个必须要做却又无法更改的选择时，他们通常会感到恐慌，显得精疲力尽。

虽然犹豫不定表现得很明显，但患者往往意识不到，因为他无意识地竭尽全力避免做选择。他会拖延，或刻意回避做选择的场合；他总要等机会溜走，或把决定权交给他人；他可能会把问题弄得很复杂，从而让决定变得不必要。因此而产生的盲目性通常也不为患者本人所知。由于患者会采取多种无意识的方法来掩盖自己的犹豫，就导致分析师很难听到他在这方面的抱怨，而实际上这是一种很常见的障碍。

精力被分散的第二个明显表现是普遍性的低效率。在这里，我不是说某一个特定领域的能力不够，那可能是缺乏兴趣或训练，也不是威廉·詹姆斯在他的论文中所描述的那种未被开发出的能力：当一个人没有屈服于第一次疲劳或外部环境的压力时，他的能量库就会变得可用。这里的低效率是指，一个人由于内心有冲突而无法发挥自己的最大能力。就像他想开车又踩着刹车一样，车子必然无法前行。他做每件事都非常慢，不管是从能力还是任务本身的难度来看，他都不该是那样的。他不是不够努力，相反，他做任何事总要付出太多的努力。比如，做一份简单的报告或掌握一个简单的机械操作动作，他要为此花费几个小时。当然，阻碍他行动的原因是多方面的，如他可能会无意识地反抗那种让他感觉到强迫的东西；他可能对自己很不满意，就像前面讲述的例子一样，由于第一次尝试时没有表现好。做事低效率并不只在于速度慢，还可能表现为笨拙或健忘。一位女仆或家庭主妇，如果总是暗暗觉得自己的资质条件不该做如此卑贱的工作，那她就不会把这件事做好，而她的徒劳也不仅仅限于这种特定的活动，还弥漫到她所有的努力中。站在主观立场上看，这等于在重压之下工作，结果肯定是很容易疲惫，需要休息。

内在的压力和低效率一样，不仅出现在工作上，在人际关系上也如是。如果一个人既想与人为善，又觉得这样做是讨好别人而厌恶此行为，他就会显得矫揉造作；如果他想提出请求，但又觉得自己应该发号施令，他就会粗鲁无礼；如果他想要维护自己，但又想顺从，就会迟疑犹豫；如果他想要发生性关系，但又想挫伤对方，他就会性冷淡。矛盾倾向越是普遍，生活的压力也就越大。

有些患者意识到了这种内在的压力，但更多的时候，只有当这种压力在特定情况下增加的时候，他才会有所察觉。偶尔，当他感觉轻松自在时，这样的对比也会让他意识到压力的存在。对于由此产生的疲劳，他通常会将其归咎于其他因素，如工作太累、身体不好、睡眠不足等。这些因素的确是导致疲劳的原因，但远不及我们通常认为的那么重要。

第三个典型表现是普遍的惰性。这种患者有时会责备自己的懒惰，但实际上他不可能心甘情愿地承认自己懒惰。他可能会有意识地反感任何东西，并自觉地把这种观点合理化，认为做任何事情只要有想法就够了，“细节”需要别人来完成。也就是说，事情要由其他人来执行。对努力的反感还可能表现为害怕努力会给自己招致侮辱，这种恐惧很容易理解，他们知道自己很容易疲劳。如果分析师只看到了这种疲劳的表面现象，那么他的建议可能会强化患者的恐惧。

神经症惰性意味着主动性和行动力的丧失。通常来说，他是因为疏离自我以及缺乏目标导向引起的。长期的紧张和令人不满的努力让患者无精打采，虽然这其中偶尔也会有短暂的激烈活动。可至于致病的原因，影响最大的是理想化意象和施虐倾向。必须坚持努力这一事实，让患者觉得是一种耻辱，因为它不符合自己的理想化意象，一想到自己要做的就是平凡事而已，他会极力地抗拒，宁可什么都不做，而在心里幻想自己表现得无比出色。自卑感总是伴随着理想化意象剥夺患者的自信，让他觉得自己做不了任何有价值的事，从而把行动带给他的刺激和快乐都埋藏起来。施虐倾向，尤其是受压抑时，会让患者矫枉过正，回避一切带有攻击性的事情，结果造成了不同程度的精神障碍。普遍性的惰性有重要的作用，它不仅影响患者的行动，还影响他的情绪。只要冲突未被解决，耗损的精力都无法衡量。从根本上说，神经症是特定文化的产物，所以这种人类天赋与性格上的阻遏恰恰是对特定文化的控诉。

生活在未解决的冲突中，不仅会耗损精力，还会导致价值观的分裂，也就是道德原则，以及涉及与他人的关系和影响个人发展的所有感觉、态度和行为。就像精力分散会导致浪费一样，在道德问题上的分散，同样会耗损道德上的诚恳。换而言之，会损害道德的整合。这种损害是由患者矛盾的立场以及试图掩盖矛盾本质的企图引起的。

相互矛盾的道德观也会出现在基本冲突中，虽然患者想尽办法去协调它们，但它们依然会对患者产生负面效应。这意味着，所有这些道德观都没有被患者重视。理想化意象虽然带有真实理想的成分，但本质还是一种幻象，患者本人或是未经训练的观察者都很难识别出，难度就像辨别真钞假钞一样。神经症患者可能会相信自己正在追寻理想，可能会为了任何过失而自责，带给人一种在追求其标准时过于尽责的印象。患者还可能会沉迷于对价值观和理想的思考与谈论中。我声称，他仍然不重视自己的理想，意思是这些理想对他的生活并不具有约束力。在觉得容易或有利的时候，他才会贯彻这些理想，其他时候他会肆意地抹掉它们。在之前讨论的盲区和间隔划分中，我们介绍过这种情况，而这些情况对于那些重视自己理想的人来说是不可思议的。如果这些理想是真的，他们不可能轻易抛弃。比如，某人一直声称自己热爱某项事业，可一遇到诱惑，他就成了叛徒。

总之，道德受损的特点就是真诚减少、自私自利增加。日本有一些禅宗著作中也认为，唯有内心完整的人才能做到真诚不贰，这恰好证明了我们基于临床观察所得出的结论，那就是，内心分裂的人不可能做到完全真诚。

弟子：我听说当狮子抓住猎物时，不管它是一头大象还是一只野兔，它都会竭尽全力。请您告诉我，这种力量到底是什么？

师父：真诚之心（字面的意思是，不欺之力）。

真诚即不欺，意味着“发挥全部的力量”，也被称为“体现在行动中的整个身心”……其中没有任何保留，没有任何掩饰，也没有任何浪费。如果一个人能像这样生活，就可以称得上是金毛狮子了，他象征着男子气概、真诚、全心全意，他是一个圣人。

自私自利是一个道德问题，因为它让别人屈从于自己的需要。患者不再把他人当成人类，而是当成达到目的的手段。他取悦或喜欢他人，是为了减缓自己的焦虑；他打动别人，是为了提升自己的自尊；他责备他人，为的是推卸自己该承担的责任；他打败他人，为的是实现对成功的欲望，等等。

这些损害的方式因人而异，绝大多数我都在其他地方讲过，这里只是以更系统的方式回顾一下。我不做详细的论述，是因为那太难了。关于施虐倾向，我们后面再说，因为它被认为是神经症发展的最后阶段。我们从最显著的表现开始，不管神经症采取哪种流程，无意识伪装都是其中的一个重要因素。以下，就是无意识伪装的一些突出表现。

虚假的爱。“爱”这个词，包含着丰富的感受和愿望，还包括主观上认为是爱的感受，种类复杂到令人惊叹。它可以指一个人所持的寄生性期望，这种人觉得自己空虚软弱，没有能力独立生活。它可以表现为某种欲望，如以爱之名追逐权力、名望和成功的欲望，对抗型的人通常就会如此。它还可以是一种需求，如打败别人、征服别人的需求；又或者为了达到该目的而虐待对方的需求；再或者，为了让别人肯定自己的理想化意象。由于上述的这些原因，让爱变得不再纯粹，因为我们的文化中充斥着背叛和虐待。这让我们生出一种感觉：爱总是和怨恨、冷漠、鄙弃形影相随。其实，这些都是虚假的爱，而产生这种假爱的倾向和感觉必然经不起考验，真正的爱决不是那么容易变质的。在父母和孩子的关系中，在朋友关系中，在夫妻关系中，都存在这种虚假的爱。

虚假的善良。包括同情、慷慨等，它和虚假的爱情况类似，在顺从型患者身上很容易看到这一点。这种假象，由于攻击性倾向受到压抑，以及该类患者特有的理想化意象，导致其虚假的成分不断增加。

虚假的学识与兴趣。自我疏离型的人，或者认为只用理智就可以掌控生活的人，更容易出现这种情况。他们假装自己什么都知道，对一切都感兴趣。不过，还有一类人也会存在这种情况，只是更难被觉察。这类人看似是全心投入某一项事业中，但他却没有意识到，自己不过是将此作为获得权力和物质利益的垫脚石。

虚假的诚实和公平。这种虚假常见于对抗型患者，特别是当他有明显的施虐倾向的时候。他看穿别人身上的伪善与虚假的爱，就认为自己并没有伪善的习惯，没有假装慷慨、爱国、孝顺的特质，所以自己特别诚实。其实，他有着不同的伪善。他抗拒流行的偏见，可能是一种对一切传统价值观的盲目消极的对抗；他选择说“不”，不是因为他强大，而是因为他想让别人受挫；他的坦诚可能只是想嘲笑和羞辱别人；他认为的公正背后，可能隐藏着剥削的欲望。

虚假的痛苦。我们必须仔细谈谈这种虚假，关于它有很多令人困惑的观点。坚守弗洛伊德理论的分析师以及行外人，认为神经症患者想要感觉被虐待，想要忧虑，想要被惩罚。支持这一观点的资料多数人都了解。但是，“想要”这个术语实际上包含着多种理性的罪恶。持上述观点的人并没有理解，神经症患者的痛苦比他自己知道的多，且通常只有当他开始康复的时候才逐渐意识到自己所受的苦。更确切地说，他们好像并不理解，来自未解决冲突的痛苦是不可避免的，根本不以患者的个人意志为转移。如果一位神经症患者选择让自己的人格分裂，显然不是因为他想要自己受伤，而是他内心的需要强迫他这样做。如果他很谦卑、很宽容，挨了一个耳光后仍然会无意识地把另一边脸也凑过去。他心里讨厌这样做，并会因此看不起自己，但他太害怕自己的攻击倾向，所以必须走另一个极端，那就是让他人虐待自己。

另一个导致患者有受苦癖好的原因，就是过分夸大痛苦的倾向。患者之所以有受苦的感觉并将其表现出来，可能是有不可告人的动机。他也许是为了获得关注和原谅，可能是无意识地用它来实现利己的目的，还可能是用它来消除对报复欲望的压抑。鉴于患者内心的各种情感和认知，我们只能认为这些是他达成某些目的的唯一途径。还有一点也毋庸置疑，那就是患者经常把自己的痛苦归结于错误的原因上，让人觉得他并没有充分的理由沉迷于痛苦。为此，他可能闷闷不乐，还把烦恼归结为是自己的过错，实际上，他痛苦是因为他不是自己的理想化意象。或者，当他跟爱人分开时，他会很失落，自认为是自己爱得太深，但其实他是无法忍受一个人的生活。最后，他可能会歪曲自己的情感，当他真的发怒时，还以为自己在承受着痛苦。比如，一个女人在爱人没有按时给她来信时，觉得痛苦不堪，但其实她在生气，因为她希望事情如她所想的那样发展，或是因为爱人对她的疏忽让她感到羞辱。在这样的情况下，她宁可选择痛苦，也不愿意承认自己的愤怒和造成她愤怒的神经症内驱力。而且，她会强调自己的痛苦，用它来遮掩整个关系中的不诚实。在所有这些例子中，没有一位神经症患者想要痛苦，他们表现出的都是一种无意识的假装的痛苦。

还有一种更特别的损害是发展出无意识的傲慢。这里我说的傲慢，是患者将自己不具备或很少具备的品质视为自己完全具有的品质，并以此为依据，无意识地觉得自己有权苛求和轻视他人。所有神经症性质的傲慢都是无意识的，因为患者意识不到自己要求的不合理。在这里，不是有意识傲慢和无意识傲慢的区别，而是一种明显的傲慢和过分虚心、谦卑下的傲慢的区别；区别在于衡量可行的攻击行为，而不是衡量傲慢的程度。在第一种情况下，一个人会公开要求特权；第二种情况下，如果别人没有自觉地给予他特权，他就会觉得受到了伤害。这两种情况，缺少的都是真正的谦卑，也就是承认——不仅在口头上，而且内心也这样想——所有人都有缺点，都不完美，尤其是自己也不完美。根据我的经验，所有患者都不愿意自己去想或听别人说起他的任何缺点，对于那些有潜在傲慢倾向的人来说也是一样。他宁肯无情地责备自己忽视了某些东西，也不愿意像圣保罗那样承认“我们的知识是支离破碎的”。他宁肯责备自己的大意或懒惰，也不愿意承认没有人能一直保持良好的状态。潜在的傲慢最明显的表现就是在自责和内心的愤怒之间出现了明显的矛盾。通常，分析师需要很仔细地观察才能发现患者有这种受伤的感觉，因为过分谦虚的人可能会把这种感觉掩藏起来。实际上，他可能跟公开傲慢的人一样，待人苛刻，对他人的批评也很尖锐。虽然表面上看起来，他只是对他人表现出谦卑的崇拜，可暗中他却希望他人与自己一样完美，这意味着他缺乏对他人独特个性的真正尊重。

另一个道德问题是立场不明确，神经症患者很少依据某人、某观点或某项事业的客观优势来表明立场，而是根据自己的情感需要去判断。可由于这些情感需要通常是相互矛盾的，所以他很容易动摇。正因为此，大多数神经症患者都是左右摇摆，很像被无意识收买了，而收买他的通常是喜爱、名望、认可、权力或自由。这一点适用于他所有的个人关系，无论是个体的还是群体中的。他通常很难表达自己对他人的感受或看法，一些没有根据的流言就可能改变他的观点。一些失望或怠慢，或者让他有这种感觉的东西，就足以让他和一个“非常好的朋友”断绝关系。遇到一点儿困难，他的热情就会冷却。因为一些私人恩怨，他可能改变信仰、政治或科学观点。他可能在一次私人谈话中改变立场，在权威或群体的压力下，就可能轻易让步。他经常不知道自己为什么改变了观点，甚至根本意识不到自己改变了观点。

神经症患者可能会通过不第一个发言或是用保持中立的方式，无意识地避免明显的摇摆不定，给自己留出作选择的余地。他可能会通过指出情况的复杂性来使自己的态度合理化，或是被一种强迫性的“公平”所支配。毫无疑问，真心追求公平是可贵的，真想要公平公正，确实会让人在许多情况下难以确定自己的立场。但是，公平也是可以理想化意象的一个强迫性属性，它的功能就是使其不需要表明立场。与此同时，还使这个人觉得自己挣脱了偏见而与众不同。在这种情况下，患者会有一种双方观点“一视同仁”的倾向，认为两种观点实际上没有那么矛盾，或者认为在一场争论中，双方都有其正确的地方。正是这种假客观，阻碍了一个人透过事情的表象而看到实质。

各类神经症中的这一表现有很大差异。最诚实的是离群索居的人，他置身于神经症竞争和神经症依恋的旋涡之外，不太容易被“爱”和欲望所诱惑。同样，他对于生活的旁观态度，也常常使他能够客观地作出判断。但不是每一个离群索居的人都能表明立场，他可能非常讨厌争辩或承认自己没有明确的立场。他不是混淆问题，就是至多指出好坏利弊，而不形成自己的任何信念。

对抗型的人似乎推翻了我对神经症患者一般很难有自己观点的论断，特别是当他固执地认为自己是绝对正确的时候，他似乎有一种超凡的能力确信自己是对的，并对他的观点进行辩护和捍卫。但是，这是有欺骗性的。这类人态度明确，通常不是因为他有诚挚的信念，而是因为他固执己见。由于这些观点能消除他心中的疑虑，所以他的观点经常带有教条或盲目的特点。此外，他可能会被权力或成功诱惑，从而改变自己的观点。他的可靠性是有限的，因为它被其对支配地位和声望的渴望限制了。

神经症患者对于责任的态度令人困惑，有一部分原因是“责任”一词本身有多种含义，它指的可能是尽职尽责地完成义务。从这一点上来说，神经症患者是否具有责任感，取决于他的神经症人格，这不是所有神经症共有的。对他人负责可能意味着觉得对自己的行为负有责任，因为这些行为会影响他人，但也可能是支配他人的借口。当“负责”意味着应该承担责任、承受责备时，也可能只是一种愤怒的情绪，恨自己并非理想化意象的样子。因此，这种意义上的“责任”就跟责任无关了。

如果我们清楚对己负责意味着什么，就会明白，让神经症患者来为自己负责，即便有可能，也是很难的。首先，这意味着要让患者诚实地对自己和他人承认他的意图、他说的话、他的行为，并愿意承担后果。这与撒谎、推卸责任不同。在这个意义上，让神经症患者对自己负责会很难，因为他通常也不知道自己在做什么，或是为何这样做，并且主观上也不想知道。这就是他为什么想尽办法逃避责任的原因，比如通过否认、遗忘、轻视，或是寻找其他理由，认为自己被误解了或者因为一时糊涂。由于他倾向于把自己排除在外，或赦免自己，他很容易认为他的妻子、合作伙伴、分析师要为他所出现的任何困难负责。另一个让他无法为自己行为的后果负责，甚至无法看到后果的因素，是潜在的全能感。他以为自己可以做任何想做的事，并且能够逃避责任，当他意识到无法避免的后果，这种感觉就会被粉碎。最后还有一种因素，乍一看像是无法通过因果关系去思考的思维缺陷，患者通常给人的印象是天生只能想到错误和惩罚。几乎每个病人都觉得分析师在责备他，而实际上分析师只是想让他面对自己的困难和后果。在精神分析之外的情境中，他可能觉得自己像一个被人怀疑和攻击的犯人，所以经常处于防御状态。实际上，这是心理过程的外化作用。就像我们看到的，这些怀疑和攻击的源头恰恰是他的理想化意象。正是挑错和防御的内心活动，加上这些活动的外化，让患者几乎不可能在关乎自己的情况下考虑因果关系。但只要不关乎他自身的困难，他就能跟其他人一样坦诚。比如，下雨了，街上湿了，他就不会问这是谁的错，而是接受这个因果关系。

说到对自己负责，我们指的是坚持我们认为正确的东西，并愿意在行动或决定被证明是错误的时候承担后果。但是，当一个人被内心的冲突分裂时，是很难做到的。他到底应该或者能够拥护自己心中的哪种冲突倾向呢？哪种倾向都不是他真正想要的，也不是他相信的，他能够坚持维护的只有他的理想化意象，而且不允许出现任何错误。为此，如果他的决定或行动出了错，他必须假装正确，把不好的后果归咎于他人。

举个简单的例子来说明。某单位的一个领导向往无限的权力和威望，希望任何事情或决定都离不开他，他无法让自己把种种任务委派给别人，即使这些人受过专业训练，完全有能力胜任。他自认为，任何事情他都比别人懂得多，他还不希望别人感觉他们是团队中不可或缺的一员，甚至真正变得不可或缺。他认为，他无法满足自己的要求，仅仅是因为时间和精力有限。他不仅仅想要支配他人，也想顺从他人，做一个善良的人。由于这些未解决的冲突的存在，他身上有我们之前描述过的所有症状：懒惰、喜欢睡觉、拖延、犹豫不决等，导致他无法安排好自己的时间。而且，他认为赴约是一种无法忍受的压迫，所以他暗自享受让别人等待。此外，他还做了许多微不足道的事情，只因为这些事满足了他的虚荣心。最后，他渴望成为一个为家庭奉献的人，这耗费了他大量的时间和精力。于是，单位里的事自然没有做得很好，但他觉得自己没什么错，把所有责任都推给他人或外部环境。

我们再问一次，他到底能为自己人格中的哪部分负责呢？是他的支配倾向，还是他的依从、让步和讨好自己的倾向？首先，他两者都没有意识到，就算他意识到了，也不能做到支持一个而放弃另一个，因为两者都是强迫性的。此外，他的理想化意象不允许他看清自己，只允许他看到自己有理想的优点和无限的能力。因此，他没有办法为冲突带来的后果负责，要是那样做的话，就会把他一心想掩盖的东西全都暴露出来。

通常来说，神经症患者特别反感对自己的行为后果负责，这一点是无意识的，即便是对特别明显的后果也视而不见。他无意识地坚信自己很强大，能够解决自己的冲突。他认为，后果应该是别人考虑的问题，自己不存在这个问题。因此，他必须继续避免认识到任何因果关系，如果他愿意承认因果，他原本能从中学到很多东西，因为这种关系用一种非常简单的方式表明，他的生活方式行不通。

事实上，神经症患者对责任的话题毫无兴趣，他只看到或隐约感觉到它的消极意义。他开始并不了解，只是在以后才逐渐领会到，视而不见的方式，让他对独立的渴望最终落空。他一味拒绝作出任何承诺就能获得独立，但实际上，承担责任并对自己负责，才是一个人获得真正的内心自由的前提条件。

为了不承认自己的问题和痛苦源自内心冲突，神经症患者会在以下三种方式中选择一种，更常见的是同时选择三种方法。外化最终可能最大规模地被运用于这方面，对于这种情况，一切事物，从饮食、天气到父母、妻子或命运，都会因为不幸而被责难。或者他会认为，自己什么都没做错，任何不幸降临到自己身上都是不公平的。他生病、死亡、婚姻不幸、孩子身体不健康、工作得不到认可都是不公平的。

无论这种想法是有意识的，还是无意识的，都是双重错误的，因为它不仅抹去了自己应该承担的责任，还抹去了所有不取决于他却影响他的因素。不过，这种想法也是有自己的一套逻辑，它是疏离型患者的典型观念，他以自我为中心，这让他无法把自己看成大链条中的一个小链环。他只是想当然地认为，他应该在一个特定的时间、特定的社会环境中，享受生活所有的美好，而不用将自己和他人联系在一起，不管是好还是坏。因此他想不明白，为什么自己没有受任何牵连却还是免不了要受苦。

第三种方法是拒绝认识到因果关系。在患者心里，所有事情的结果都是独立事件，和他或他的麻烦无关。他可能会认为，抑郁或恐惧是毫无理由降临到自己身上的。当然，这可能是因为他对自己或对心理学了解得不够。但在分析中，我们能够看到，患者会极力地否认任何有潜在可能的联系。他可能会怀疑那些因果关系，或者干脆忘掉它们。或者，他可能觉得分析师不是在帮他解决紊乱（这是他来看病的原因），而是把责任推到他的身上，并巧妙地挽回自己的面子。因此，患者可能逐渐意识到引发惰性的原因，但对惰性的影响却视而不见；他的惰性不仅耽误了分析工作的进展，还耽误了他要做的所有事情。或者，患者可能会意识到自己对他人的攻击性倾向，却不明白自己为何总是与人吵架，为什么自己不被人喜欢。内心存在着这些烦恼是一回事，但生活中的实际问题又是另外一回事。这种将内心冲突与冲突对生活的影响分离的做法，是整个区隔化倾向产生的主要原因。

患者拒绝面对自己的倾向及其后果，因为它们被患者深深地埋藏在心底了，所以，分析师很容易忽视它，毕竟对分析师来说，这种联系太过明显。除非让患者意识到他对结果的视而不见，以及他这样做的原因，否则他就无法明白这样做对自己的生活造成了多大的干扰。在分析中，让患者意识到后果是最有效的治疗，因为它让病人注意到，只有改变他内心的某些东西，他才能获得自由。

那么，如果神经症患者无法对自己的虚伪、傲慢、自私和逃避责任负责的话，我们还能谈道德吗？有人说，作为分析师，我们就跟外科医生一样，只需要关心患者的病症和治疗方法就行了，他的道德问题并不在我们的职责范围内。还有人指出，弗洛伊德最大的功绩之一，就是抛弃了“道德说教”的态度，而这种态度正是我所倡导的。

这种观点被认为是科学的态度，但是它真的可靠吗？在人的行为问题上，我们真的可以废除对是非对错的判断吗？分析师决定什么需要进行分析，什么不需要，难道不是在道德判断的基础上进行的吗？虽然他们有意识地拒绝这一点。在这些隐含的判断中存在这样一种危险：这些判断可能是在过于主观或过于传统的基础上作出的。所以，分析师可能会觉得，男人拈花惹草的问题不需要分析，而女人出现这个问题就得仔细审查。或者，如果他认为放荡生活是正常的，他反而会觉得忠诚是值得分析的，无论男女。事实上，判断应当根据患者的神经症类型作出。这里需要回答的问题是，患者的态度对他的成长以及他与别人的关系，是否产生了不良的影响。如果产生了负面影响，这种态度就是错的，需要纠正。分析师应当清楚地告诉患者这个结论的原因，让患者自己作决定。最后，上面的论点难道不包括存在于病人想法中的那些谬论吗？也就是说，认为道德只是一个判断问题，而不是一个带有后果的事实问题？让我们以神经症傲慢为例，它的确是一个事实，无论病人是否对其负有责任。分析师相信，傲慢是病人需要认识并最终要克服的问题。他之所以采取这种态度，难道不是因为他在主日学校里学到，傲慢是自罪的，而谦逊是美德？或者，他的判断是基于这一事实，那就是傲慢是不切实际的，有不良后果，不管患者对此是否负有责任，这一后果都需要他本人来承担。在这个例子中，傲慢的后果是无法让患者认识自己，从而阻碍了他的成长。另外，傲慢的病人容易对他人不公平，这本身就对他有影响，那就是经常让他与人发生冲突，并让他逐渐疏远他人，这会进一步加深他的神经症。因为患者的道德问题一部分产生于他的神经症，另一部分又维持了神经症，所以分析师也别无选择，只好关注患者的道德问题。

第十一章 绝 望

虽然有冲突，但神经症患者有时也能从自己喜欢的事情中获得满足。只是，他的快乐依赖太多条件，所以不可能经常出现。比如，独自一个人待着，或者与他人共享，或是成为环境中的主导因素，或在各方面获得支持，他才能感到快乐。让他快乐的条件通常是矛盾的，这就把他获得快乐的机会进一步缩小了。比如，一个人可能愿意让他人做领导，但同时又耿耿于怀；又如，一位女性可能为自己丈夫的成功感到骄傲，但同时又嫉妒他；他可能想办一场聚会，但因为完美主义的心结，所以在聚会开始前，他就已经筋疲力尽了。即便神经症患者找到了暂时的快乐，这种快乐也很容易被他的各种弱点和恐惧干扰。

此外，日常生活中经常出现的小意外，在神经症患者看来也是巨大的灾难。任何微小的失败都会让他萎靡不振，因为失败证明了他没有价值，即便失败的因素不是他可控的。任何没有恶意的批评言论都可能让他陷入烦恼中。所以，他变得更加不快乐、不满足。

这种情况本来已经很糟糕，却还要因为另外一个因素的影响而恶化。只要还有希望，人们自然可以承受巨大的痛苦。但是，神经症冲突的相互纠缠总是会滋生一定程度的绝望，纠缠得越厉害，绝望就越大。绝望可能被埋藏在患者心中，表面看起来像是沉浸在想象或计划让事情变得更好的状态中。男性患者会想，只要他结了婚，就会有一栋大房子，有一个妻子，有一位不同的上司；女性患者会想，如果她是男人，再年轻或再老一点，再高一点或不这么高，一切都会不一样。有时候，某些令他不安的因素的消失，确实会给他带来一些帮助，但更多的时候，这些期望不过是把他内心的矛盾外化了，结果注定还是会让他失望。神经症患者希冀着借助外部来改善环境，但他势必会带着自己和自己的神经症一起进入每一个新的环境。

依赖外部因素所建立的希望，更盛行于年轻人之间，这也是为什么分析年轻人可能不如预想的那么顺利。随着人的成长，随着希望的不断破灭，他会更愿意从自己身上找出不幸之源。

即便绝望是无意识的，但我们依然能够从患者的各种症状中推断出它的存在和强度。在患者的生活史中，一些经历可能表明他对失望的反应强度和持续时间上，都跟刺激不相匹配。因此，我们可能会遇到一种彻底的绝望感，这种绝望在表面上产生于青春期的暗恋、产生于朋友的背叛、不公平的辞退、种种考试的失败。当然，我们首先要弄清楚，这种强烈反应背后的特殊原因，除了特别原因外，我们往往会发现，这些不幸的经历还会引发更深的绝望。同样，不管是否采取行动，一心想着死亡或冒出自杀的念头，都表明患者具有普遍的绝望，哪怕他们表面看起来很乐观。普遍性的轻率无礼、拒绝重视任何事，都是绝望的另一种表现。在困难面前失去勇气，也是绝望的表现之一。弗洛伊德所界定的负性分析反应的大部分特质都属于此类。通过解决问题而获得新领悟的过程虽然痛苦，但也许能为患者提供一个出路，当然也可能会让患者沮丧，并且不愿意去面对解决新问题的艰难困苦。有时，这看起来像是患者不相信自己能克服某种困难，但实际上，是患者不相信他能从中获得好处。在这样的情况下，他自然会抱怨那些领悟只会伤害他，让他恐惧，并因此讨厌分析师让他感到不安。另外，沉浸于预见或预演未来也是绝望的征兆，虽然表面上看，这好像是对生活的一般性焦虑，害怕遭遇不幸，害怕犯错误，但我们不难观察到，患者总是对未来抱有悲观主义的态度。就像希腊神话中的预言女神卡桑德拉，许多神经症患者预见的大多数都是坏事，很少有好事。这种过分关注黑暗面而忽略光明面的态度提醒着我们，患者可能隐藏着深深的绝望，不管他的行为表现有多理智。最后一种绝望的表现是慢性抑郁，它可以藏得很深，以至于让人察觉不出它是抑郁。慢性抑郁的患者也许生活得还不错，他可以很快乐，也可以与他人共度美好时光，但他早上却要花费好几个小时起床，因为他需要鼓起勇气，才能面对生活。生活是一种永恒的负担，他几乎不会把生活视为生活本身，也几乎不会抱怨，但他的精神状态却始终陷在低谷中。

虽然引起绝望的原因总是无意识的，但绝望本身在某种程度上却是有意识的。患者可能会有一种宿命感，或者对生活采取逆来顺受的态度，不指望任何好事发生，只觉得必须忍受。或者，他可能用哲学的话来安慰自己，说生活本质上是悲惨不幸的，只有傻子才会骗自己说人的命运不是永恒不变的。

分析师在跟患者初次会谈时，可能就会感觉到他的绝望。患者不愿意作出任何牺牲，不愿忍受任何麻烦，也不愿意冒任何风险。他可能给人一种很任性的感觉，但实际上，如果他不指望从牺牲中获得什么的话，自然就觉得没必要这么做。平常的生活中，他也会抱持这样的态度。他一直处于完全无法让自己满意的环境中，但其实只要他付出一点努力，拿出一点积极性，这种不满意都可以得到改善，只是绝望已经让他无法行动，在他看来，任何困难都是不可逾越的鸿沟。

有时，一句无心的话就会让这种状况“浮出水面”。当分析师说某个问题还没解决，需要再努力一下时，患者可能会说：“你难道不觉得这是没有希望的事吗？”当逐渐意识到自己的绝望时，他通常认为责任不在于自己，他很可能会归咎于外部的因素，从他的工作、婚姻到政治形势，但不包括任何具体或暂时的环境因素。他感到绝望，觉得自己会一直无所作为，或永远无法得到幸福和自由。他觉得自己永远排斥在那些会让他的生活富有意义的事情之外。

也许，索伦·克尔凯郭尔已经告诉了我们最深远的答案，他在《致死的疾病》一书中说，所有的绝望从根本上说都是人无法成为我们自己而产生的。各个时代的哲学家都在强调做自己的重要性，以及无法做自己带来的绝望感。这也是禅师著作的一个基本主题，在现代作者中，我只引述约翰·麦克姆雷的话："除了完完全全、彻彻底底地做自己，我们的存在还有其他意义吗？"

绝望是未解决的冲突的最终产物，它的根源在于患者放弃了让自己的人格保持完整的希望。多种神经症都会出现这样的状况，患者最大的感觉就是自己像一只囚鸟，深陷在冲突中无法逃脱。他做了很多努力，但这些努力都以失败告终，不仅没有解决冲突，还让他与自身更加疏离，这些重复的经历又加剧了他的绝望。患者的尝试从来没有成功过，或是因为他的精力一次次被分散在多个方面，或是因为每次进行创造性的工作都受阻，从而阻碍了他的努力。就连恋爱、婚姻、友谊都出现了这样的状况，它们一个接一个地失败了。一次次的失败让患者灰心丧气，就像实验用的小白鼠，它们看见了笼子门外有食物，可跳了好多次都吃不到。

此外，患者还承受着另一种绝望，那就是无法达到理想化意象而产生的绝望。很难说这到底是不是产生绝望感最重要的因素。但毫无疑问的是，在分析中，当患者逐渐意识到自己离想象中的完美形象有相当大的差距时，他的绝望就会很明显地表现出来。这时的绝望，不仅是因为无法达到那些幻想的高度，更是因为这种绝望让他极度自卑，让他预感自己无法获得任何想要的东西，无论是爱情还是工作。

最后，还有一个让患者感到绝望的因素，那就是患者把重心从自己身上转移到了外部，失去了生活的原动力，因而也失去了自信，失去了作为健全的人该具有的信念，变得自暴自弃。这种态度很容易被人忽略，但它引发的后果却很严重，足以被称为精神死亡。就像索伦·克尔凯郭尔所说："虽然他很绝望……但是他可能……有能力继续生活下去，作为一个人，至少看起来如此，让自己一直忙碌、结婚、生子、赢得荣誉和尊重。也许没有人会注意到，在深层的意义上，他缺乏自我。世人并不对此感到惊讶，因为自我是世人最不常查究的东西，而且对一个人来说，让别人注意到他的自我是最危险的事情。最大的危险其实是失去自我，它可能悄然逝去，就好像没有发生，而其他损失，诸如失去手臂、腿、5美元、妻子等，倒是会引起不小的动静。"

从我的观察经验中，我了解到，绝望是经常被分析师忽略的问题，因此也没有得到妥善的处理。我的一些同事曾经被患者的绝望感染，自己也变得绝望，这是因为他们即使意识到了绝望，也没有将它作为一个问题。这种态度对分析工作的影响是灾难性的，无论技术多么娴熟，所做的努力多么勇敢，患者还是会觉得分析师放弃他了。在平时的生活中，也会出现这样的状况。比如，任何人，如果不相信同伴有潜力，那么他就无法成为其真正的朋友和伙伴。

有时，我的同事还会犯相反的错误，那就是不重视患者的绝望。他们认为患者需要鼓励，于是就给他鼓励。这样做是可圈可点的，但还远远不够。当分析师这样做时，患者就算感受到了分析师的好意，也会生气，因为在内心深处他知道，他的绝望并不是通过好心的鼓励就可以消除的。

为了抓住问题的关键并处理它，我们有必要先从上述提到的间接表现中识别出病人的绝望以及绝望的程度。最后，我们必须理解，他的绝望完全是由他内心的纠结引发的。分析师必须意识到这一点，并明确告诉患者，只要他的现状持续存在，且他还认为无法改变，他的神经症才是真的无可救药。这个问题可以借助契诃夫的喜剧《樱桃园》中一个片段来说明：一个面临破产的家庭，一想到要离开他们心爱的樱桃园，就会感到伤心绝望。他们聘请的顾问提出了一个很好的建议，那就是在庄园上盖一些修建小屋。迂腐守旧的观念让他们无法接受这个建议，所以他们一直陷在伤心绝望中不可自拔。就像根本没听过这个提议一样，他们绝望地问：难道真的没有人能帮助我们吗？假如他们的顾问是一位分析师的话，他会说：“这种情况当然很困难，但是真正让你们绝望的是你们自己对它的态度。如果你们愿意考虑改变自己对生活的需求，就不需要感到绝望了。”

相信患者真的可以改变，从本质上来说就等于相信他能真正消除自己的冲突，这个因素决定了分析师是否敢于解决问题，并有充分的把握能成功做到这一点。在这方面，我和弗洛伊德有截然不同的看法。弗洛伊德的心理学和哲学在本质上是悲观的，这一点从他对待人类未来以及分析疗法的态度上就能清楚地看出来。在他的理论基础上，除了悲观主义之外，他别无选择。他认为，人是受本能驱使的，本能至多是通过“升华”来获得改变；人满足本能的欲望不可避免地在社会中受挫；他的“自我”被本能和“超我”无情地抛来抛去，这种“自我”本身也只能被修正，而“超我”的主要功能是压抑和破坏，根本不存在真实的理想。自我实现的欲望是一种“自恋”；破坏性是人的本质；死亡本能迫使人要么毁灭他人，要么自己受苦。所有的这些理论都没有为对于改变的乐观态度留有余地，而且限制了弗洛伊德开创的这个极具潜力的治疗方法的价值。相反，我相信，神经症的强迫倾向并非一种本能，而是产生于紊乱的人际关系；一旦这些关系有了改善，这些倾向就可以改变，而且由此而来的冲突也能真正得到解决。这并不意味着在我所倡导的原则之上的治疗方法就没有局限，在我们明确这些局限之前，还有待做更多的努力。但这的确意味着，我们有充分的理由相信，根本的改变是可能的。

那么，识别和处理患者的绝望感为什么如此重要呢？首先，这种方式在处理抑郁、自杀等特殊问题时很有价值。我们确实可以只揭露患者当时所处的特定冲突，而不触及他的普遍性的绝望，以此来治愈他的抑郁。但是，如果想要防止抑郁复发，就必须触及这种绝望，因为它是抑郁的深层来源。除非找到这个来源，否则患者的慢性抑郁就不可能得到治疗。

自杀的情况也是如此。我们知道，一些急性抑郁、反抗、报复等因素都会引发自杀冲动，但如果在这些冲动已经暴露后再来阻止患者自杀，却已经晚了。如果能对患者那些不起眼的绝望多加留意，并在恰当的时机与之一起探讨如何解决他的问题，很多自杀都是可以避免的。

更具有普遍意义的是，患者的绝望会阻碍严重神经症的治愈。弗洛伊德倾向于把一切妨碍患者改善的东西称之为阻抗，但我们不从这个角度来看绝望。在分析中，我们必须处理阻碍与推进、阻抗与激励之间的此消彼长。阻抗是一个集合名词，指的是患者内心想要维持现状的所有因素。换而言之，患者的动力来自内心的一种建设性的力量，它促使患者获得内心的自由，帮助他克服阻力，让他更有活力，同时也让分析师有机会更好地理解他。它给患者巨大的力量，以承受成长所带来的无法避免的痛苦。它让患者甘愿冒险放弃曾经带给他安全感的态度，并愿意用新的态度对待自己和他人。分析师不能勉强患者完成这个过程，患者自己必须想要完成才可以，患者这种可贵的力量被绝望阻碍了，如果分析师没能识别出这种力量，并加以引导，他就丧失了与患者的神经症做斗争的最佳盟友。

患者的绝望不是通过简单的解释就能消除的问题。如果患者不再被宿命感干扰，不再认为什么都无法改变，而是开始意识到绝望是一个可以最终解决的问题，我们就已经取得了实质性的进步。这一步足以支撑患者继续前行。当然，过程还会存在起伏。如果患者得到一些领悟，他可能很乐观，甚至过于乐观，而一旦他遇到更严重的问题，就会再次陷入绝望。虽然这个问题每一次都要重新面对，但是绝望对患者的影响会逐渐减轻，因为他开始意识到自己真的可以改变。他的动力也随之增强。在分析工作开始时，这种动力可能仅限于想要摆脱患者最紊乱的症状，可当患者逐渐意识到自己身上的枷锁，并尝到了自由的味道时，这种动力就会越来越强。

第十二章 施虐倾向

陷入绝望中的神经症患者总是想尽办法继续撑下去。如果创造力没有遭受太大的破坏，他也许能够继续生活，并把心思放在自己有所收获的事情上。他可能会沉浸在某种社会活动或宗教活动中，或者热心地为某个组织工作。他的工作也许是有用的，尽管他的热情可能不高，但并不会因此而影响工作。

另外一些人，在让自己适应特定的生活方式时，会停止对这种生活方式的质疑，但他只是为了完成自己的责任义务，而并非真的明白这么做的意义何在。约翰·马昆德在《时光短暂》中描述了这种生活，我相信这也是埃利希·弗洛姆所描述的“缺陷”状态，它与神经症相对照。然而，我认为这是神经症的产物。

还有一些人可能放弃一切严肃认真或有前途的追求，转向生活的边缘地带，想从中获得一些快乐；或者在某一项爱好和偶然的趣事中寻找快乐，比如美食、美酒或风流韵事；或者他会随波逐流，自甘堕落，然后彻底崩溃。他很难从事稳定的工作，喜欢赌博、酗酒和嫖妓。查尔斯·杰克逊在《迷失的周末》中所描述的酗酒，就是这种状态的晚期表现。那么，患者无意识地让自己分崩离析，是否会从精神上助长一些慢性疾病的发生呢？比如，肺结核或是癌症？

最后，**那些绝望的患者可能投向破坏性，同时又试图通过代偿性的生活获得补偿。在我看来，这就是施虐倾向的意义。**

弗洛伊德把施虐倾向视为人的本能，因此精神分析的研究重点就被锁定在施虐性的变态行为上。在日常人际关系中的施虐行为模式，虽然没有被分析师们忽略，但也没有被严格定义。任何独断或是具有攻击性的行为，都被他们视为对本能的施虐倾向的修正或升华。比如，弗洛伊德就把争权夺利视为一种升华。权力追求确实可能是施虐性的，但对于把生活视为全面抗战的人，它只代表为求生的奋斗。实际上，这可能跟神经症没关系。缺乏这种区分的后果就是，我们并未全面了解施虐倾向的表现形式，也不知道判断施虐行为的确切标准是什么。要判定哪些表现是施虐倾向、哪些不是，几乎全凭个人的直觉，这样自然无助于可靠合理的观察。

单凭伤害他人这种行为，不能断定一个人具有施虐倾向。一个人如果陷入了个人或一般性的竞争中，就不得不伤害对手和同伴，他对他人的敌意也许只是出于自卫。一个人可能觉得自己受到了伤害和惊吓，所以想要回击，这种动力虽然跟客观刺激不相称，但他在主观上却认为是合情合理的反应。在这方面，我们很容易自欺：大多数自认为是合理的反应，其实是施虐倾向在发挥作用。虽然区分二者有一定的难度，但并不意味着作为一种反应而产生的敌意是不存在的。尽管攻击性患者会运用各种方法去攻击他人，他们觉得自己是在为生存而战，但我并没有打算把这些攻击行为称为施虐行为，虽然有人会在此过程中受伤。这种伤害和破坏只是不可避免的副产物，而不是他们的主要意图。简单来说，虽然这里提到的行为具有攻击性，甚至存在敌意，但作出这种行为的人没有卑劣的用心，也没有有意或无意从伤害他人的行为中获得满足。

相反，让我们探讨一下典型的施虐态度。我们可以从那些肆无忌惮地向他人表现出施虐倾向的人身上看到这种态度，不管他们自己是否意识到了这种倾向。我在下文中说到的施虐者，指的是他经常对他人抱有施虐性的态度。

这样的人可能想要奴役他人或奴役某个具体的对象。他的“受害者”必须是一个完美的“奴隶”，既没有自己的感觉、心愿和主动性，也不会对人提任何要求。这种施虐倾向采取的形式可能是塑造或训练这个受害者，就像《卖花女》中的希金斯教授塑造伊莉莎一样。这种行为偶尔也会有一些建设性的作用，比如父母教育孩子、老师指导学生等。有时，这种作用还会存在于性关系中，特别是在施虐伴侣更成熟年长的情况下。有时候，这种作用也会存在于一个年长而另一个年轻的男同性恋关系中。但即便这样，如果这个“奴隶”露出想要另寻他路、自行交友或发展自己的兴趣的迹象时，主人就会凶相毕露。通常，主人会被一种占有性嫉妒折磨，并将其作为折磨“奴隶”的手段。这种虐待关系有一个特点，那就是主人对控制“受害者”的兴趣远远大于对自己生活的兴趣。他宁可忽略自己的事业或放弃其他爱好，也不愿意让他的伴侣获得独立。

他对伴侣的奴役方式很特别，这种方式变化的范围有限，但都取决于双方的性格结构。施虐者会对伴侣很好，让他认为这份关系看起来还值得继续；他会满足伴侣的某些需求，让他感受到自己的付出是独一无二的，虽然这些需求仅仅能够满足其精神生活的最低标准。他会告诉伴侣，没有别人可以给她这份理解和支持，给予她这么大的性满足和乐趣。他可能还会用美好的生活诱惑伴侣留在这份关系中，比如他会暗示或明示，他会承诺一直爱对方并与之结婚，给对方更多的钱或更好的生活，等等。有时，他会声称很需要对方，并在此基础上提出要求。所有这些策略之所以能够发挥效用，是因为施虐者通过占有欲和蔑视，将对方与他人孤立起来。如果对方因此足够依赖他，他可能最后还会威胁离开对方。也许，施虐者还有更多的恐吓方式，但这些手段是他们生活的重要部分，我们会在其他地方单独论述。当然，如果不考虑伴侣的性格特点，我们也无法理解这种关系的来龙去脉。通常，伴侣是顺从型人，因而害怕被抛弃；或者，他可能是一个极度压抑自己的施虐倾向并对生活感到绝望的人。后面我们会讨论这些情况。

这种关系产生的彼此依赖，不仅会使被施虐者产生怨恨，还会使施虐者滋生不满。如果后者的利群需求很明显，他就会特别憎恶对方占用了自己大量的心思和精力。由于没有意识到是他自己制造了这些束缚，他还可能责备对方控制或依赖他。他想要摆脱这种处境，这跟威胁手段一样是恐惧和不满的表达方式。

不是所有的施虐者都希望奴役他人，另一类施虐者喜欢像玩弄乐器一样玩弄他人的感情。索伦·克尔凯郭尔在他的小说《引诱者日记》中展示了一个对生活无所指望的人如何被这场游戏吸引。他知道应该在什么时候表现出兴趣，什么时候表现出冷漠；他能够准确地预料和观察女孩对自己的反应；他知道如何激起和控制她们的情欲。但是，他的这种敏感仅仅限于这场施虐游戏的需求，他根本不关心这种体验对于那些女孩的生活有怎样的影响。克尔凯郭尔的这篇小说，主要体现的是有意识的精明算计，但更多的时候，这种算计是无意识的。但它们有着相同的性质，那就是吸引与拒绝、诱惑与失望、吹捧与贬低，既带来快乐，也带来痛苦。

施虐者还有一个特点，那就是自私地利用伴侣。这种利用不一定是为了施虐，还有可能只是为了获得某种好处，但这种“好处”经常是一种错觉，并与他付出的努力不成正比。对施虐者来说，利用本身就能让他兴奋，更重要的是，能让他体验到从别人那里占便宜的快感。这种施虐特性尤其表现在其利用他人的手段上。受虐者被施虐者直接或间接地控制，施虐者不断地向对方提出过多要求，并让受虐者在没有满足这些要求时感到内疚和羞愧。施虐者总能找到自认为受了不公平对待的理由，并借此提出更多的要求。易卜生的戏剧《海达·高布乐》为我们描述了即使这些要求得到了满足，施虐者也不会表示感激，以及施虐者如何用这些要求伤害他人，并以此达到自己的目的。这些要求可能与物质或性需要、求职有关，也可能是施虐者想获得特别的关注、忠贞不渝和无限忍耐。所有这些要求在内容上大同小异，都是施虐者想让受虐者用一切可能的办法填补其空虚的情感生活。在海达·高布乐的身上也有这样的表现，因此她不断地抱怨生活无聊，缺乏刺激和兴奋，她就像吸血鬼一样榨取伴侣的活力。她这么做完全是无意识的，但这很可能就是想要利用他人和对他人有所求的根本原因。

当我们意识到，施虐者有一种想要挫败他人的倾向时，我们就更清楚地看到这种利用的本质。要说施虐者从来不付出，那是不对的。在特定的情况下，他也可能非常慷慨。典型的施虐者的特点不是被动的小气，而是一种虽然无意识但却是主动的冲动，他们想要挫败他人，让他人失去快乐。对方的任何满足或愉悦都会激怒施虐者，他会用各种办法挫败受虐者或破坏受虐者的快乐。比如，如果伴侣想见他，他会表现得很冷漠；如果伴侣渴望性关系，他会表现得很冷淡甚至出现阳痿的症状；他甚至什么事都不做，或只是嘴上说说；他总是很抑郁，所有的表现都会令人感到压抑。引用英国作家奥尔德斯·赫胥黎的话说："他不需要做任何事情，他只要成为自己就行了。他被其枯萎的状态所感染，变成了黑色。"他还说，"这是多么高贵优雅的权力意志，多么含蓄典雅的残酷行径！这种忧郁有如此严重的感染性，能挫伤最昂贵的精神，扼杀所有可能的欢愉。"

还有一种虐待和上述那些表现有相同的意义，那就是施虐者想贬低和羞辱他人。他特别擅长发现别人的缺点和弱点，然后指出来。凭借直觉，他知道别人的敏感之处以及软肋在哪儿，他倾向于无情地利用这种直觉去贬损他人。他可能会把自己的这种行为合理化为诚恳和乐于助人；他可能认为自己是因为怀疑他人的能力和正直才感到不安的，可当被人问到他这种怀疑是否真诚的时候，他就会恐慌。患者的这种倾向也会表现为疑心病重，他可能会说："要是我能相信那个人就好了！"但是，他在梦中已经把那个人变成了一切令人恶心的东西，如蟑螂、老鼠，如此的话，他又怎么可能相信对方呢？换句话说，怀疑他人也许只是一个人在心中贬低另一个人的结果。如果施虐者没有意识到自己的贬损态度，他可能只意识到由此产生的疑心，那这么说或许更恰当：这不仅仅是一种倾向，而是一种吹毛求疵的欲望和怪癖。他不仅时刻盯着他人的缺点，还特别擅长把自己的错误外化，认为他人有罪。比如，如果自己的行为让他人不安，他会立刻表现出关心，甚至看不起那个人情绪不稳定。如果对方因为害怕而没有完全向他坦白，他会因为对方保守秘密或说谎而责备对方。当他想尽办法让对方依赖自己时，又会因为对方的依赖而责备对方。这种破坏不仅仅表现在语言上，还伴随着侮辱行为。羞辱和贬损性行为可能就是这种表达方式之一。

当施虐者的这些倾向受阻受挫，或者局面倒转，施虐者就会觉得自己被控制、被利用、被蔑视，从而处于怒不可遏的状态中。在他的想象中，无论怎样报复得罪他的人都不为过，他恨不得拳打脚踢，把对方碎尸万段。这种疯狂的施虐愤怒也可能被他压抑下去，取而代之的是一种极度的惊恐或是某些机体功能障碍，这说明他内心的紧张感在暴增。

那么，这些虐待倾向到底是什么意思呢？患者内心到底有怎样的迫切需要，才让他表现出这样的残酷行为呢？事实上，认为虐待倾向是性驱力倒错的看法，没有任何道理，虽然虐待倾向是可以表现在性行为中的。在这一点上，所有病态倾向毫无例外地遵守一条普遍规律，即我们的一切态度都必然在性领域内有所表现，就像它们也必然表现在我们的工作方式、举止、书写的字体上面一样。另外有一点也是真实的，许多虐待狂都伴有某种激动或兴奋，或如我多次强调的，有一种销魂荡魄的狂热。从现象学上说，施虐激情和性放纵这两种感觉有本质的区别。

还有一种说法，施虐冲动是一种持续存在的婴儿期倾向，这种主张有一定的吸引力，因为小孩经常残忍地对待动物或更年幼的孩子，从中找寻乐趣。看到这种表面的相似，有人也许会认为，成人的虐待只是孩童基本残忍行为被精细化的结果。但实际上，那不是被精细化，成年虐待者的残忍是不同类型的。我们已经看到，比起孩子直率的残酷，成人的虐待表现自有它的特性。儿童的残酷行为更像是一种简单的反应，对受压和受屈的反应，他通过对更弱的对象进行报复而肯定自己。成人的施虐倾向和施虐根源都比较复杂。像这样试图通过直接与早期经验联系在一起的方式来解释施虐特点，似乎都忽略了一个重要的问题：究竟是哪些因素导致了残忍行为的持续和精细化？

上述的每种假设都只抓住了施虐的一个方面，一个只看到性，另一个只看到残忍，却没有解释这些特征。埃利希·弗洛姆的解释也是一样，虽然他的解释比其他的解释更接近本质。弗洛姆认为，施虐者并不想摧毁那个他所依附的人，但因为他无法过自己的生活，就必须把对方用作一种共生的存在。这显然没错，但依然不足以解释一个人为何会受到强迫性的驱使去破坏别人的生活。

如果我们把施虐视为一种神经症症状，我们就无法从解释症状开始入手。一如往常，我们必须先弄清楚产生这种倾向的人格结构。当我们从这一角度来看待问题时，我们可以认识到，只对自己的生活深感枉然的人，是不会发展出明显的施虐倾向的。早在我们用临床检查手段把这种病状发现出来之前，人们早就从直觉上意识到这种潜藏的状况了。在海达·高布乐与诱奸者的例子中，有所作为的可能性或多或少已经盖棺论定。在这样的情况下，如果一个人找不到妥协的退路，他就会怨恨一切。他感觉自己永远被排除在外，永远是个失败者。

由此，他开始憎恨生活，但他的憎恨中带着一股强烈的嫉妒，就像对某种事物求而不得时的那种嫉妒。这是一个拒绝生活忽略了自己的强烈嫉妒，尼采将其称为“生活嫉妒”。这种人不觉得别人有伤心事，只觉得“他们”盘中有肉而自己饥肠辘辘，“他们”在恋爱、创造、欢乐，在享受健康与自在，有所归宿，“他们”的幸福和对快乐的追求只会激怒他。如果他感受不到幸福和自由，为什么他们可以感受到？用陀思妥耶夫斯基陛下的那位白痴的话来说，他无法原谅他们的幸福。他必须把别人的快乐踩在脚下，他的态度能用一个故事来说明：一个老师患了肺结核，悲观厌世，他往自己学生的三明治里吐口水，还为自己能够击溃他们而扬扬得意。这是心怀嫉妒的一种有意识的行为，对于施虐者，挫败他人和击溃他人精神的倾向通常是无意识的，但目的和那个老师一样邪恶，就是把痛苦分给他人。如果别人和他一样被打败、被贬低，他自己的痛苦就得到了缓解，因为他不再觉得自己是唯一受折磨的人。

另一个用来减轻嫉妒带来的痛苦的手段，就是“酸葡萄心理”，患者可谓把这种手段运用得炉火纯青，甚至训练有素的观察者也会受骗。实际上，他把嫉妒藏得很深，甚至如果别人提到或暗示这种嫉妒的存在，他也会大加讽刺。他关注生活的痛苦、沉重、丑恶，这不仅表现出他的怨恨，甚至更多的是他致力于向自己证明他不会漏放过任何东西。他时刻挑他人的毛病，贬低他人，也在一定程度上出于这种心态。比如，他会注意到一个美丽的女人身上的某一处缺陷；进入一个房间后，他会注意到房间的某个颜色或某件家具不那么协调；他会发现一个出色的报告中的不足之处。同样，别人生活中的差错，性格中的毛病和可能的动机，都会让他耿耿于怀。如果他久经世故，他会把这种态度提升为对瑕疵的敏感，但实际上，他只专注于这些东西，而对其他东西视而不见。

虽然他成功缓和了自己的嫉妒，释放出了愤怒，但这种处处贬低他人的态度，也给他带来了持续的失望和不满的情绪。比如，如果他有孩子，他想到的是沉重的负担和责任；如果他没有孩子，他会觉得失去了人生中最重要的一种体验。如果他没有性关系，他会觉得被剥夺了什么，会担心禁欲的危害；如果他有性关系，他又会感到可耻。

如果他有机会旅行，他会因为种种不便而生气；如果他无法旅行，他会觉得窝在家里是一件很没面子的事。他从来没有想到，这种长期的不满情绪可能来自自身，所以他觉得自己有权力让别人明白，他们是如何让他失望的，并且还认为自己有充分的理由对他人提出更高的要求，即便这些要求得到了满足，他依然不会满意。

强烈的嫉妒、贬低的倾向，由此而来的不满情绪，在一定程度上解释了施虐倾向。现在，我们就明白了施虐者为何被迫挫伤他人，把痛苦强加给别人，挑剔，提出贪得无厌的要求。但是，除非我们认识到他的绝望给他和自己的关系带来什么样的影响，我们才能理解他的施虐倾向造成的破坏程度，以及他刚愎自用的自以为是。

尽管违背了人类美德最基本的要求，但他心中依然有一个理想化意象，这个意象有着高尚和严格的道德标准。他属于我们之前谈到过的一类人，因无法达到这些标准而绝望，于是有意识或无意识地决定自暴自弃，并带着一种绝望的快感沉溺其中。但这样做的结果，就是让理想化意象与实际自我之间的裂痕变得更加不可逾越。他感到无法补救，也无法得到宽恕，他的绝望越来越深，觉得自己已经没有什么可以再失去了，就变得胆大妄为。只要这种状态一直持续，他就不可能对自己采取一种建设性的态度。任何试图让他变得积极的尝试都是徒劳的，反而说明这些尝试的实施者对他的状况一无所知。

他的自我厌恶使他无法正视自己，为了不让自己被这种自我厌恶所伤害，他必须表现得比现在更加自以为是。别人对他的任何批评和忽视，或是没能让他受到特别的重视，都会引起他的自卑。所以，他必须把这些视为不公平而拒绝接受。因此，他被迫外化自己的自卑，去归罪、痛斥和羞辱他人。前面的一个例子就能说明这个过程，那个患者控诉她的丈夫犹豫不决，而当她意识到其实是她对自己的优柔寡断感到愤怒时，她恨不得撕碎自己。

从这个角度来看，我们就能理解，为何有施虐倾向的人必须贬损他人，也能看到这种逻辑的强迫性以及疯狂地想要改变他人的欲望，至少是改变他的同伴。因为他无法达到自己的理想化意象，所以他的同伴必须达到；当同伴也无法达到时，他将会把对自己无情的愤怒发泄到同伴身上。施虐者有时可能会问自己："为什么我不能放过他呢？"很明显，只要内心的战争还在继续，还在外化，这种理性思考没有任何用处。他通常把压力合理化，以"爱"或"发展"利益的名义施加到对方身上。实际上，他试图给对方施加一个不可能完成的任务，也就是实现他的理想化意象。为了防御自卑而形成的自以为是的态度，让他在这样做的时候还显得很得意。

理解了这种内心的挣扎，我们就能更好地理解施虐症状中的另一个更普遍的因素，那就是报复心，它像毒药一样渗入施虐者的每一个细胞，他必须报复，只有这样才能把强烈的自卑赶出内心世界。

因为他的自以为是，所以他看不到所有的问题都跟自己有关，他认为他才是受虐和受害的一方；他看不到自己所有的绝望都源于自己的内心，所以他认为责任都在他人，是他们毁了自己的生活，因此他们必须弥补他，必须接受发生在他们身上的一切。这种报复心，扼杀了他所有的同情与仁慈。为什么他应该同情那些糟践了他生活的人？就个体情况来说，复仇的渴望可能是有意识的，比如他可能意识到自己对父母的报复心，然而，他没有意识到这是一种弥散性的人格倾向。

就我们目前所看到的，**施虐患者是这样一种人：他认为自己被他人排斥，注定失败，所以肆意妄为，把自己的愤怒盲目地发泄到他人身上。他试图通过使别人痛苦，来缓解自己的痛苦。**这算不上是全部的解释。但是破坏性的一面，尚无法解释施虐者所特有的狂热追求，对施虐者来说一定还有更大的好处，才会迫使他作出施虐行为。这种说法似乎与之前说的“施虐行为是绝望的后果”相矛盾：一个绝望的人怎么还会有希望和追求呢？事实上，施虐者主观上认为，他确实可以从中得到很多东西。在贬低他人时，他减轻了难忍的自卑，还给自己带来了优越感。他塑造别人的生活时，获得了一种主宰他人的刺激感，还找到了自己人生的替代性意义。他在剥夺他人的情感时，给自己提供了一种替代性的情感生活，减轻了感觉上的贫乏。他挫败他人时，赢得了胜利的喜悦，掩盖了自己无可救药的失败。这种对报复性胜利的追求，也许才是他最强烈的行为动机。

同样，他如饥似渴地寻找兴奋和激情，也是他的追求的动力源。一个心理平衡、人格健全的人，无须这种刺激，越是成熟稳重的人，越不会在意这些。可施虐者除了愤怒和挫败他人的快感之外，几乎压抑了其他的所有情绪，因此，他的情感生活非常空虚。他想要肯定自己的价值，就必须找到存在感，而这些刺激就是证明他活着的唯一途径。

还有至关重要的一点，他以虐待方式应对他人，这给他带来了力量感和自豪感，这些感受又加强了他无意识的万能感。施虐倾向的患者在接受分析时，会对自己的施虐倾向经历一个深刻的认知过程。第一次意识到虐待倾向时，他可能会采取批判性的态度，但这种含蓄的拒绝并非真心，或多或少只是在口头上赞同现行标准。他可能会时不时地厌恶自己，而当他濒临放弃自己的施虐生活方式时，他可能突然觉得自己要失去某个珍贵的东西。他可能表现出担忧，害怕分析会把他变成一个令人鄙视的懦夫。这种主观上的顾虑，我们经常会在分析中看到，它跟其他的顾虑一样，并不是毫无依据的。分析会剥夺患者的一种能力，也就是利用他人来填补自己感情空洞的能力。当他失去这种能力后，他会意识到自己的绝望，会觉得自己是一个无可救药的可怜人。到了一定的时候，他还会意识到，自己从施虐中夺来的力量感与自豪感不过是一个可怜的替代品，它之所以对他如此珍贵，只是因为他无法获得真正的力量，真正的自豪。

当我们认识到这些收获的实质，我们会发现，绝望的人可能狂热地追求某个事物，这并不矛盾。只是，他所期望找到的不是更大的自由，以及更好的自我实现，所有构成他绝望感的东西都没有改变，而他也不指望改变，他所追求的是替代品。

施虐倾向意味着带着攻击欲望和破坏欲望生活，通过施虐方式所获得的情感收获，同样只是替代品，因为他期望他人帮助自己来实现。可对于一个溃不成军的人来说，这是唯一能用的方式。他不惜代价追求目标，其实是一种绝望。他自认为已经什么都没有了，只能从他人身上索取。从这个意义上来说，施虐者的追求，无异于企图向他人索求补偿，这个目标带有一定的积极意义，因为他在狂热地追求目标、挫败他人的过程中，可以暂时忘记自己的失败感，但因为破坏性因素的存在，他的这些追求还是会给他带来负面的影响。

首先，他的自卑感会加深，这一点我们已经说过。另一个负面的影响是，引发焦虑。比如他担心受虐者报复自己。他坚信，一旦受虐者有机会，一定会以“不公平的方式对待他”。换个角度来说，他必须时刻保持进攻姿态，让受虐者无法获得报复他的机会。他以主动出击的姿态作为自保手段，时刻保持高度的警惕。在他的潜意识中，他相信自己是无懈可击的，因此有一种高傲的安全感：他绝不可能受伤，绝不可能被揭露，绝不可能遭受意外和任何可能性的攻击。显然，这种虚假的安全感很容易被摧毁，当别人不经意间或故意伤害了他，他立刻就会陷入恐慌中。

他的焦虑在一定程度上是他对自己的破坏性和不稳定性的恐慌。他觉得自己身上如同携带着炸药，必须高度警觉，超限自控，才能避免危险发生。当他酗酒时，就可能暴露那些引爆危险的因素，他很可能在醉酒后变得极具破坏性。有一些特殊情况更容易让他意识到自己的冲动，比如当他遇到对他具有诱惑力的因素时。左拉的《人兽》中刻画了这样一个施虐者，他被一个女孩吸引，竟然萌生出了谋杀她的冲动，进而陷入恐慌中。患者的突发性恐惧，也可能出现在看到一场事故或某种残忍的举动时，因为他的破坏性冲动很容易被这类场景激发出来。

施虐倾向被压抑，很大程度上导致了焦虑和自卑的产生。施虐者通常意识不到自身的破坏性，哪怕压抑的程度各不相同。这听起来似乎有点不可思议，施虐者竟然不知道自己有施虐倾向。事实上，他偶尔会意识到想要虐待比自己弱小的人，也可能意识到自己经常幻想施虐情景，还可能意识到当自己从他人身上看到或幻想到施虐情景时会感到兴奋。但是，他并没有把这些零碎的意识联系起来。平时他对人的所作所为，大部分都是无意识的，事后也难以察觉。问题之所以变得如此模糊，是因为他对自己和他人的感觉，都是麻木的。他无法从情感上体会自己的所作所为，除非他能消除自己的麻木状态。还有一点，施虐者有各种借口欺骗自己和受他影响的人，以至于他们和他都意识不到他的行为是一种虐待。施虐是严重神经症的晚期，我们必须牢记这一点。产生施虐倾向的特定的神经症结构，决定了他会以哪些借口来对自己和他人隐瞒自己的施虐倾向。为了说明这一点，我举三个人格类型的施虐倾向。

顺从型的人奴役伴侣，在无意识中认为这是爱的表现。他以可怜无助、充满恐惧又体弱多病为理由，觉得伴侣就应该照顾他。他有任何需求，对方都应该努力帮他实现。他无法忍受孤独，对方就应该一直陪伴着他。他的责备也是间接的，他总是无意识地向他人说明，别人给了他多少苦头。

对抗型的人在表达施虐倾向时，同样也是无意识的，但他不会用“幌子”来掩饰。他有任何需求和不满，都会直接表达出来。在他看来，这是一种真实和坦诚，他总有办法合理化自己的行径。他对别人的轻蔑和利用，都会外化，而后对别人说，他才是被虐待的一方。

疏离型的人在表达施虐倾向时，总是选择温和客气的方式。他挫败他人的手段，用“绵里藏针”来形容一点也不为过。他随时作出一副准备离开的姿态，一方面威胁他人，让他人感觉到他的重要性；一方面又暗示别人，他们打扰了他的生活，或是让他感觉不自由了。如果别人此时表现出窘迫，他会很有成就感。

患者的施虐冲动还可能被压抑得更深，而后转变成所谓的倒错的施虐狂。这种情况是由于患者过分害怕自己的冲动，极力防止这些冲动暴露给自己或他人造成的。他会回避一切类似于主张、攻击或敌意的东西，他对自己的压抑会更深、更全面。

用一个概括性叙述也许能更好地说明这一过程所导致的后果。严格自控、不让自己对他人作出任何一点施虐行为，到了结果最坏的时候，他连提出要求的能力也丧失了，更谈不上负责或担任领导的职位了。他甚至连合理的嫉妒心都会压抑，至于其他方面会更谨慎。一个好的观察者会注意到，这类患者每次遇到不顺心的事都会反映在身体上，比如头疼、胃疼或其他症状。

在利用他人方面矫枉过正，就会发展成严重的自卑倾向。其表现是，无法表达任何愿望，甚至不敢有任何愿望，不敢反抗虐待，甚至不敢觉得自己受了虐待，总认为他人的期望或要求比自己的更合理、更重要。宁可被人利用，也不去争取自身的利益。这样的人，自然会进退两难。他担心自己产生利用他人的冲动，但又鄙视自己的摇摆不定，认为那是一种懦弱。当他被利用时，他立刻会陷入两难的境地中，而后用抑郁或一些功能性紊乱来应对。

同样，他不会去挫伤他人，反倒担心会让他人失望，所以会表现出过分的体贴和慷慨。他会尽一切努力避免做任何可能伤害他人感情或羞辱他人的事。他会凭直觉说一些好话，如用一句赞美来提升他人的自信。他倾向于承担自己所有的责任，并毫不犹豫地道歉；

如果必须批评他人，他会用最委婉的方式，即便受到他人的虐待，也只会表示“理解”。与此同时，他对受到的委屈极其敏感，因而内心非常痛苦。

施虐倾向对情绪的影响被深深压抑，会让患者产生一种无法吸引任何人的感觉，他会真心相信自己对异性没有吸引力，相信自己必须满足于他人的残羹剩饭。虽然有证据证明，实际情况恰恰与之相反。这里说的低人一等的感觉，就是患者所意识到的自卑感，也可能只是自卑感的一种表现形式。确切来说，没有吸引力的想法可能只是一种无意识的畏惧，躲避征服和拒绝时产生的无意识的退缩。在分析过程中，有一点会逐渐变得清晰，那就是患者无意识地虚构了爱的图景，于是就会发生一个奇怪的变化：“丑小鸭”逐渐意识到了吸引他人的欲望和能力。但是，一旦他人把他的求爱当真，他就会愤慨、轻蔑和仇视他们。

由此产生的人格表现是一种假象，也很难作出评价。它和顺从型有很多相似之处。实际上，公然的施虐通常属于对抗型，而倒错虐待倾向通常先表现出顺从的趋势。它和前者的相似之处在于：在早年阶段，他遭受过虐待，并被迫屈服。他可能为自己的感情披上了伪装，于是，他不再反抗压迫者，而是选择去爱他。随着年龄的增长，也许是在青春期阶段，这种冲突变得不可忍受，于是他退缩到孤独中去寻求安慰。当面临失败挫折时，他再也不能忍受自己在象牙塔里的孤独状态，似乎恢复到了早前的依附状态，只是有一点不同：他开始无比渴望温情，甚至愿意付出一切来躲避孤独。同时，他得到温情的机会越来越少，因为仍然存在的孤独需求不断干扰他与人亲近的欲望。他被这场斗争弄得筋疲力尽，丧失了希望，产生了虐待他人的倾向。但他依然需要他人的温情，所以不得不压抑自己的虐待冲动，还必须把这种冲动藏起来。

在这样的状态下，他是很难与人相处的。虽然他自己可能没有意识到这一点。他显得矫揉造作、腼腆怯懦。他必须时刻扮演与自己虐待冲动相反的角色。当然，他认为这是在爱别人。所以，在分析治疗时，当患者突然醒悟并意识到他对别人并没有感情，或至少不清楚自己的感情是什么之后，他会很吃惊。此时，他可能会把这个表面上的缺陷当作一个无法更改的事实。但实际上，他只是处于放弃伪装正面感受的阶段，他只是无意识地选择毫无感觉，而非面对自己的施虐冲动。当他认识到这些冲动，并开始克服它们时，才可能发展对他人的正面感受。

然而，受过训练的观察者不难看出，这种状态中的某些因素标志着虐待倾向的存在。首先，患者总在以某种隐蔽的方式威胁、剥削和挫伤他人。他对别人总是有一种虽无意识却很明显的蔑视，还很肤浅地把这种蔑视归结为别人比他低劣。另外，他还有很多不协调的矛盾表现，也说明了虐待倾向的存在。比如，患者有时以惊人的忍耐力面对他人对自己的虐待，而在另一些时刻又对最轻微的支配、剥削和羞辱表现得十分敏感。最后，他给人的印象是“受虐”，顾名思义就是沉浸于受害感。由于这一术语及其所含的概念容易使人误解，所以我们最好不用它，而只描述涉及到的诸多因素。由于患者整个身心都处于压抑中而无法自我肯定，他在各种场合下都欣然受害。但由于他对自己的软弱深感不安，所以他经常会被公开的虐待狂所吸引，既钦佩又憎恨他们，就像后者注意到他是一个自甘受虐的人，从而也被他吸引一样。这样，他就把自己放在了被利用、受挫折、受屈辱的境地。然而，他并不享受这种虐待，而是深受其苦。它给他带来的，是有机会通过别人来实施自己的施虐冲动，而不必面对自己的施虐。他可以感到无辜，并在道德上愤懑不已，虽然他很希望有朝一日能胜过这个施虐者，打败他。

弗洛伊德注意到我们说的这种情况，但他的推论削弱了他的发现，反而弄巧成拙。为了把这些现象纳入他的整个哲学框架，他认为这些现象证明了，无论一个人表面上有多善良，他固有的本性也是破坏性的。但实际上，这些状况正是特定的神经症的某种产物。

回顾本章开头时讨论过的某些观点，可知我们已经走了很长的一段路。那些观点中，有的把虐待狂患者视为性欲倒错者，有的用研究术语将其称为刻薄恶毒的人。性变态比较罕见，出现的时候，也只是患者对他人的总体态度中的一种表现而已。破坏性趋势当然不可否认，但理解了它们之后，我们就会看到，在表面上缺乏人性的行为背后，总有一个在受苦的人。这样一来，我们看到的就是一个在绝望中挣扎的人。生活击败了他，而他在寻求着代偿。

结 论 如何解决神经症冲突

我们越是认识到神经症给人格造成的伤害，就越是迫切地想要彻底解决这些冲突。但就像我们了解的那样，用理智的决定、逃避或是意志力，都很难做到。那应该怎么办呢？只有一种方法，那就是改变人格中造成这些冲突的条件。

这是一种激进的办法，也不太容易。鉴于改变我们内心的任何东西都会遭遇困难，我们会四处找寻捷径，这也是情有可原的。也许，这就是为什么患者和其他人经常会问：看到自己的基本冲突是不是就行了？答案很明显，还不够。

就算分析师在初期就看出了患者处于何种分裂状态，并能帮助他意识到这种分裂，也很难立刻解决问题。它可能会给患者带来一些缓解，因为患者开始了解自己苦恼的真正原因了，而不是像之前一样身处一个迷宫中。但是，患者很难把这种想法应用到实际生活中。就算他能察觉到内心不同的冲突，可他依然会处于分裂状态中。他从分析师那里接受了这样的事实，就像是听到一条陌生的消息，听起来是真的，但意识不到它跟自己有什么关系。患者心中有许多无意识的保留，结果他接受的这种想法就被抵消了。他会无意识地认为，分析师夸大了他的冲突。如果不是外界的干扰，他早就痊愈了。爱情或是事业的成功会消除他的不幸，他可以不与人发生接触而避免冲突的发生。虽然普通人很难做到一仆二主，但他却可以依靠强大的意志力和智慧做到这一点。或者，他可能会无意识地觉得心理分析师是江湖骗子或是好心的傻瓜，故意装出一副自信的样子，却根本不知道患者已经无药可救。这就意味着，患者将会用绝望来回应分析师的建议。

患者在思想上的这些保留，表明他会坚持自己特有的解决冲突的办法，因为这些方法对他来说比冲突本身更真实。或者他已经完全泄气，不再指望治愈了。所以，分析师必须先检验患者解决这些冲突的方法及其效果，才能有效地应对患者的基本冲突。

想找捷径的做法导致了另外一个问题，这个问题因弗洛伊德对遗传性的重视而变得更加重要：一旦认识到这些冲突倾向，寻找它们的根源并与患者的童年期的表现联系起来，是不是就够了？答案依然是否定的，理由同上。就算患者详细回忆了童年的经历，也只能让他对自己采取一种更加宽容的态度，这样做对解决冲突毫无帮助。

全面了解早期经历以及造成儿童人格的改变，虽然没有直接的治疗价值，但在调查导致神经症冲突的各种条件时，却有一定的效用。毕竟，正是他与自我、与他人的关系的改变，引起了最初的冲突。我在已经出版的论著和前面的章节中描绘了冲突的形成过程。简单来说，一个孩子可能会发现自己的内心自由受到威胁，发现所处的境况对他的主动性、安全感和自信心有负面的影响，他觉得自己孤立无助，所以他跟别人发生关联时不是取决于他的真实感受，而是取决于迫切的需要和对利害关系的考虑。他无法坦白地表达喜欢或不喜欢、信任或不信任，不能如实地表达他的愿望或反对他人的想法，所以不得不想办法应付他人，使用对自己危害最小的方式来周旋。这种生活方式最根本的特征可以概括为：与自我和他人疏离，可怜无助的感觉，广泛的畏惧，以及在人际关系中的敌对性紧张——从一般警惕到绝对的憎恨。

只要这些状态一直存在，神经症患者就难以摆脱他的冲突倾向。相反，他们产生的内心需要会随着神经症的发展而变得更加强烈。事实上，这种虚假的解决办法在他与自己、与他人的关系中增加了紊乱，这就意味着要真正地解决冲突变得越来越难。

所以，分析的目标只能是改变这些状态本身。**我们必须帮助患者自己去改造，去意识到他真正的感情和需求，去发现他自己的价值观，**

以及在他的真实感情和信念的基础上与人相处。如果我们真能够做到这一点，那些冲突会不攻自破。可惜，没有奇迹会自行发生，我们必须知道，应当用什么样的步骤来促成这种变化。

每一种神经症，无论其症状有多奇特，实际上都是一种性格障碍。所以，分析的任务就是分析整个神经症的性格结构。因此，我们越清晰地界定这种结构及其个体之间的差异，就越能精确地确定需要做的工作。如果我们把神经症视为患者围绕基本冲突建造的防御堡垒，就可以粗略地把分析分为两个部分。

第一个部分是详细考察患者为解决冲突所做的无意识的努力，以及这些努力对他整个人格的影响。这其中包括研究他的主要倾向、理想化意象、外化作用等，而不考虑它们与暗藏的基本冲突的具体关系。我们不能认为，没有首先考虑冲突，就无法理解和研究这些因素，虽然它们产生于患者协调冲突的需要，但它们也有其自身的规律、重要性和影响力。

第二个部分是对冲突本身进行处理，这不仅意味着要帮助患者认识到冲突的大致情况，还要帮助他们看清冲突是怎样发生作用的。就是说，要让患者知道，他相互矛盾的倾向及其产物——态度这两者是如何在具体事例中相互干扰的。比如，患者有顺从倾向，而这种倾向又因为他有倒错的施虐倾向而得到强化，所以患者要了解，正是这种顺从的需要成为了他赢得比赛胜利或在工作中有所建树的障碍。同时，他想要战胜他人的欲望又让胜利成为必需的东西。又比如，他应该明白，他的禁欲主义有多重根源，而这种压抑与他对同情、爱和快乐的需要相矛盾。我们要让他明白，他是怎样从一个极端跳到另一个极端的。比如，他是怎样对自己的要求时而严苛、时而宽容；或者他的施虐倾向如何强化了他对外化的需要，而这一需要又与他想显得仁慈的需要相冲突；或者他如何一会儿对别人的所作所为进行谴责，一会儿又予以原谅；或者他如何在自认为应该享受一切权利与自己不应该享受任何权利这两种态度之间摇摆不定。

此外，这部分分析工作还包括向患者解释，他想要作出的所有调节与让步是不可能的。比如，他会试着把自私和慷慨、征服和喜爱、控制和牺牲等结合起来，而分析师要明确地告诉他，这些做法很可能是徒劳的。分析也可以帮助患者认识到，他的理想化意象、外化是如何被用来摆脱冲突的，如何掩饰冲突，并且暂时缓解冲突带来的破坏性力量。总之，要让患者彻底理解自己的冲突对其人格的普遍影响，以及它们如何引发了他的各种症状。

通常来说，在分析师进行分析的每一阶段，患者都有自己不同的防御方式。当分析师分析他为解决冲突而作出的努力时，他会一心想要维护他的态度和各种倾向中固有的主观价值，反抗一切对它们本质的洞察。在分析他的冲突的过程中，他感兴趣的是证明自己的冲突并不完全是冲突，从而模糊掉他的驱力是矛盾这一事实，并贬低其重要性。

至于该按照什么样的次序来进行分析工作，弗洛伊德的建议自始至终都有指导作用。他把医学分析中的有效原则应用到心理分析中，强调在帮助患者解决问题时需要特别注意两方面内容：分析师的解释应该是有益的，并且是无害的。换而言之，分析师必须时刻想着两个问题：患者在此时了解真相，能够承受吗？我的解释对他来说是否有意义，能否让他用一种建设性的思维去思考问题？到目前为止，我们依然缺少一种用来判断患者承受底线的明确标准，也不知道究竟做什么才能激发他们进行建设性的思考。由于患者之间的结构差异太大，我们没有办法确定作出解释的最好时机。尽管如此，我们还是要遵守以下基本的指导原则：只有当患者的态度发生改变后，我们才能轻松地与之探讨他的某些问题。在此基础上，我们可以尝试一些常用的方法。

只要患者一心想要追寻对他来说意味着救星的幻影，让他面对任何主要冲突都是无益的，他必须先明白这些追求是无用的，并且干扰了他的生活。分析师应该用简单明了的语言帮助患者分析他为了解决冲突所做的努力，而不是去分析冲突本身。我不是说要刻意避免提到冲突，而是说在对患者进行分析时，分析师要考虑患者神经症结构的脆弱程度，以此选择恰当的方式。对有些患者来说，如果我们贸然指出他的冲突，他会陷入到恐慌中。而对另外一些患者来说，早点了解真相对他没有任何意义。但从逻辑上来说，只要患者坚持他自己的解决方式，并无意识地指望依赖它们“得过且过”，我们就无法期望患者对自己的冲突感兴趣。

另外一个需要认真对待的是理想化意象。本书虽然没有详细叙述在什么条件下会触发这种意象，但谨慎对待它是必要的。对患者而言，理想化意象经常是他们觉得唯一真实的部分。此外，也可能是让他们感觉有自尊、不沉浸于自卑之中的唯一因素。患者唯有获得了一些现实的力量，才能够忍受对其理想化意象进行的破坏。

在分析早期去处理施虐倾向是没有用的，一部分原因在于这些倾向与患者的理想化意象形成了鲜明对比。即使在后期，意识到这些倾向也会让病人心怀恐惧和反感。我们把这种分析推到患者已经不那么绝望时再进行，还有一个重要原因：当患者还无意识地相信自己只剩下替代性的生活时，他不可能有兴趣跟分析师一起讨论自己的施虐倾向。

在根据患者特定的性格结构而决定运用不同的解释时，也可以运用同样的指导原则。比如，当患者表现出对抗倾向，自认为情感是懦弱的表现，转而去追求一些显示出力量的东西，分析师应当首先分析他这一想法及其所产生的影响。如果分析师先考虑的是他对亲密关系的需要，这就掉进了误区，无论这种需要看起来多么明显。患者很抵触这样的举动，会将其视为对自己安全的威胁，他觉得必须提防分析师想要把自己变成“好好先生”的打算。只有当他变得更强大时，他才能忍受自己的顺从和自卑倾向。对于这样的患者，分析师必须在一段时间内避免提及“绝望”的问题，因为他可能会拒不承认有这种绝望感。他觉得，承认自己的无望，就等于暴露出可恶的自我怜悯，等于承认了自己的失败。相反，如果患者的顺从倾向占主导，分析师要先分析他亲近他人的表现，然后才能提及他的控制和报复倾向。又如，如果一位患者把自己视为天才或伟大的恋人，那么要分析他对被轻视和拒绝的恐惧，完全是在浪费时间，如果还想分析他的自卑，更是徒劳无功。

有时，分析最初能够处理的问题是很有限的，尤其是当患者把高度的外化作用和顽固的自我理想化结合起来的时候，这种结合会让他们无法容忍自己的任何缺陷。如果分析师发现了这种情况，最省劲的办法就是避免做哪怕是最隐晦的暗示，比如，暗示问题出在患者自己身上。不过，这个阶段倒是可以触及理想化意象的某些方面，比如患者对自己的过分要求。

如果分析师熟悉神经症性格结构的触动作用，那他能更快、更准确地掌握患者在与他人交往时想要表现的是什么，从而知道应该在何时从什么问题入手。这样一来，他就能从表面看起来毫不起眼的症状中发现和预见患者人格的一个完整的方面，从而把注意力直接对准需要注意的因素。他就像一位内科医生，观察到患者有咳嗽、盗汗的症状，或是患者经常在下午感到疲乏，就会考虑肺结核的可能性，并据此找到治疗的依据。

比如，当患者总是表现得唯唯诺诺，对分析师异常崇拜，并在社交时表现出谦虚的倾向，那么分析师可以考察一下这些表现是否发自患者内心，并据此看看患者是否“亲近人”。如果他发现了更多的证据，就可以试着从每一个可能的角度来对患者进行归类。同样，如果患者总是谈起被羞辱的经历，并表示他害怕分析师会对他作出类似的行为，分析师就应该知道，他要帮助患者缓解对羞辱的恐惧。他可以选择对在那时最容易被观察到的恐惧的根源进行解释，比如，他可以把这种恐惧和患者对理想化意象进行肯定的需要联系在一起，当然这需要患者已经意识到自己的理想化意象，否则是无法进行的。如果患者在分析的过程中表现得很迟钝，且有宿命论的倾向，此时分析师就要尽可能地帮助他消除绝望感。如果这种绝望发生在分析初始，解析时或许只能向患者说明，他是在自暴自弃。然后，分析师要努力让患者明白，他的绝望是一个需要得到理解和最终解决的问题，而不是源自一个真实的、无助的情境。如果绝望出现在分析的后期，分析师也许能将它和患者无法找到解决冲突的方法，或是无法达到理想化意象的要求联系起来。

上述建议给分析师留下了充分的空间，也可以帮助分析师用更敏锐的直觉发现患者内心的真实情况。直觉是分析师必备的宝贵工具，应当努力将其发挥到极致。但是，运用直觉并不意味着整个分析过程只是一门“艺术”，或是只运用常识就能完成。对神经症性格结构的了解能够让分析师的诊断更有科学性，以更加严密、负责的形式来开展分析。

因为个体在人格结构上的变化形式很多，分析师只能摸索着前进，犯错是难以避免的。这里说的错误不是指一些重大的错误，比如把没有的动机强加在患者身上，或是没能抓住患者的神经症的本质驱力，而是说作出患者尚且无法接受的一些解释。重大的错误可以避免，但过早作出解释这一错误却很难回避。如果能及时发现患者对我们给出的解释的反应，我们很快就能觉察到自己的错误，并立刻调整分析方案。我觉得，人们似乎过分强调了患者的“阻抗”，强调他接受或抗拒某个解释，而不太重视他这些反应究竟意味着什么。这很不幸，因为只有弄清楚患者反应的所有细节，分析师才能知道应该先做什么，才能促使患者解决分析师指出的问题。下面这种情况可以作为例证。

一位患者意识到，他与人相处时，每次对方向他提出要求，他都会非常恼怒。即便这个要求是合情合理的，对他来说也是一种强迫；即便是最理所应当的批评，也被他视为侮辱。可是，他却觉得可以随意向对方提要求，并且直截了当地批评他们。换而言之，他赋予自己各种特权，却否定对方的任何特权。他逐渐意识到，这种态度注定会摧毁他的友谊和婚姻，所以他一直主动配合分析师进行治疗。但是，当他意识到自己的这种态度会造成的后果时，他陷入了沉默，并表现出轻微的抑郁和焦虑。他表现出了明显的回避社交的倾向，这与他之前迫切地想要与女性建立关系形成鲜明对比。回避的倾向让他无法平等地与人相处，虽然他在理论上接受平等观念，可在实践中却很难做到。他的抑郁是对于发现自己处于无法解决的困境中的反应，但回避则意味着他正在寻找其他的解决途径。当他意识到回避无用，除了改变自己再没有其他办法的时候，他开始奇怪为何自己无法接受平等的关系。此后，他的社交行为表明，他在情感上只看到两种选择，一是拥有所有权利，二是任何权利都没有。他说，他担心如果放弃自己的权利，就无法做自己想做的事，而只能按照他人的意愿行事。这就诱发了他的顺从和自卑倾向，虽然这些倾向之前已经被分析师观察到，但却从未注意到它的强烈程度和意义。多方面的原因，让患者形成了强烈的顺从和依赖倾向，以至于他不得不建立起一种虚假的防御系统，捞取所有的权利。当他的顺从还是一种迫切的内在需要时，让他放弃这种防御手段，就等于要把他的整个人格抛弃掉，所以，分析师要先分析他的顺从倾向，才能考虑改变他的专制态度。

本书所讨论的所有问题都清楚地表明，我们不能永远使用一种方法彻底解决一个问题，必须从各个角度对问题进行反复探讨。因为，任何单一的态度都有各种来源，且对神经症的发展起着不同的作用。比如，对情感的病态需求的最初阶段往往表现为忍气吞声和息事宁人，当处理这一需求的时候，必须解决上述两种态度。当我们讨论患者的理想化意象时，必须继续研究这两种态度。从这个角度我们可以看出，患者可能认为息事宁人是圣人的表现。当讨论他的疏离倾向时，我们就会明白，他的这种态度其实是出于避免摩擦的需要。此外，在患者害怕他人并需要极力避免施虐冲动时，这种忍让态度的强迫性性质更加清晰。在其他案例中，患者对于压迫的敏感可能首先被当作一种来自离群倾向的防御态度，然而是对权力的渴望的投射，最后可能会被认为是一种源于内心压迫或其他倾向的外化表现。

任何在分析中得以明确的神经症态度或冲突，都必须放在整个人格的关系中来理解，这就是所谓的“修通”。这个过程包括如下步骤：帮助患者认识到他的特定倾向或冲突的所有显性和隐性表现，帮助他认识到它们的强迫性，并且理解它们的主观价值和不利后果。

当患者发现自己有神经症的特殊表现时，总是不去正视它，而是提出类似“这是怎么来的”这样的疑问。无论他是有意无意，他都希望追根溯源来解决问题。分析时必须阻止他逃到过去，并鼓励他了解那种特殊表现本身，也就是说，要鼓励他了解这种表现的具体形式，他掩盖它的方法以及对待它的态度。比如，如果患者已经明显表现出对顺从的恐惧，他必须清楚自己在何种程度上对自己的自卑感到愤怒、害怕和失望。他必须认识到，为了消除生活中所有可能的顺从以及与之相关的东西，他已经无意识地对自己采取了压制手段。然后，他会知道，自己表面上的不同态度其实都是为了达到这一目的；他麻痹了自己对他人的敏感性，意识不到他们的感受、渴望或反应，这让他完全不替别人考虑；他遏制了对他人的一切好感，以及被他人喜欢的渴望；他蔑视他人的温柔善良；他情不自禁地拒绝别人的请求。在社交中，他觉得自己有资格喜怒无常、批评和苛求他人，却剥夺他人的这些权利。如果患者表现出了全能感，仅仅让他意识到这种感觉是不够的，还必须让他明白，他是怎样给自己定下无法实现的目标的。比如，他认为自己应该快速写出一篇主题复杂的优秀论文，哪怕很疲惫；他希望自己才思敏捷、下笔如有神；在分析中，他自认为刚一看到问题就能解决。

其次，患者必须意识到，他的行为是受某个倾向的驱使，并被迫不顾自己的愿望和最大利益行事的，甚至有时会违背这些意愿。他必须意识到，强迫是不加选择的，不会参考现实条件。比如，他必须看到，他挑剌的态度既指向朋友，也指向敌人；他不管对方怎样表现就训斥对方，如果对方亲切友好，他会怀疑对方心存内疚；如果对方坚持己见，他会表现得专横跋扈；如果对方妥协，他会认为对方懦弱；如果对方想跟他在一起，他会认为对方轻浮；如果对方拒绝某些事，他会认为对方小气吝啬。如果正在讨论的问题使患者无法确定自己是否被人接受，或者是否受人欢迎，他必须认识到，就算所有的证据都指向反面，他也无法改变自己的怀疑态度。理解一种倾向的强迫性也包括认识患者受挫于这一倾向时的反应。比如，如果出现的倾向是患者对受人喜爱有着强烈的需求，他必须看到，任何拒绝的迹象或者友好的减少，都会让他倍感失落和惊慌，无论这一迹象多么轻微，或是那个人对他多么微不足道。

第一个步骤就是让病人看到他的问题的严重程度，第二个步骤就让他感到问题下面的因素的强度，这两个步骤都能激起他进一步检视自己的兴趣。

当我们检查某个倾向的主观价值时，患者往往会主动提供信息。他可能会指出，他对于权威或类似压迫的叛逆与反抗是必须的，甚至是生死攸关的，否则他早就被专制的父母制服了。他会说，优越感的观念帮他克服了自尊的毛病，他的孤独和无所谓的态度保护他不受伤害。诚然，患者的这种联想是出于自卫，但其中也透露着真情。它告诉我们，为什么某种态度占上风，从而告诉我们这种态度的历史性价值，让我们更好地理解患者的发展状态。但最重要的是，它能帮助我们理解该倾向目前的功能。从治疗的角度看，这些功能有巨大的意义。没有哪一种神经症趋势或冲突只是过去历史的遗迹，好像一种一经建立就持续存在的习惯。我们可以确信，倾向或冲突是由现在的性质所包含的需要决定的。认识到过去为什么会出现某一种神经症的特殊表现，那只有次要的价值，我们要改变的是当前发挥作用的因素。

神经症患者所获得的主观价值，主要在于能抵消某些其他倾向。

因此，彻底了解这些价值，就知道如何入手处理某一具体病例。比如，如果我们知道，某个患者不肯放弃自己的万能感，是因为这种感觉让他把潜力错当为事实，把他美妙的蓝图误以为是现实的成就，那我们就知道需要检查他到底在何种程度上生活在想象之中。如果我们看到他这么做是为了不遭遇失败，我们自然会注意，到底是哪些因素会让他有这种失败的预感，以及他一直害怕失败的因素。

治疗中最重要的步骤是让患者看到，他认为有价值的东西其实具有危害性，即他的神经症动力和冲突让他变得无能。其实，在前面的步骤里，已经涵盖了这块工作的一部分，但还不够细致。只有这样，患者才真正觉得需要改变。考虑到每个神经症患者都会被迫维持现状，就需要一种足够有力的刺激方法来压过这些阻碍性的动力。然而，这种刺激只能来自于患者对内心自由、幸福与成长的渴望，还要认识到每种神经症困难都阻碍了这种渴望的实现。如果患者倾向于自我贬低和责备，他必须看到这扼杀了自尊，让自己丧失希望。它使他感到自己不被接受，强迫他去忍受虐待，反过来又使他变得带有报复性，它使他的热情和工作能力被削弱。为了不掉进自轻自贱的深渊，他被迫采取防御态度，如自我膨胀、自我疏远以及对自己的不真实感，从而让神经症变得愈发严重。

同样，在分析过程中，当某种冲突变得清晰可见，分析时必须让患者意识到它对他生活的影响。比如，患者的冲突是自我抹杀倾向与对成功的渴求之间的矛盾，分析师应当理解这是倒错性虐待狂所固有的极度压抑的结果。患者必须看到，他每次自我抹杀时都感到自己的可鄙，对他所奉承的人都感到忌恨。比如，他每次战胜了别人，都会觉得自己可怕，担心别人会进行报复。

有时会发生这样的情况：就算患者已经认识到各种危害性的后果，他依然对克服自己的神经症没兴趣。他的问题似乎渐渐隐去了，他悄无声息地把问题推到一边，自己的病情也毫无好转。但实际上，他已经看到了自我施加的伤害，所以这种缺乏反应是值得关注的。然而，除非分析师在识别这种反应方面很有经验，否则就可能忽视患者缺乏兴趣。患者会提起另一个话题，分析师会接下去，直到他们再次陷入同样的僵局。很长一段时间后，分析师才会意识到患者所产生的改变与工作量并不相称。

如果分析师知道患者偶尔会有这种反应，他必须要问自己，患者的什么问题导致他无视这个问题，即他的特殊态度已经造成了许多不好的后果，必须尽快改变这种态度。这是多方面因素造成的，分析师只能一点点地解决。患者可能还深陷在绝望中，认为已经没有改变的可能，他想战胜分析师、挫败分析师、让分析师出糗的欲望，可能早已经超过了他对自己本身的兴趣。他的外化倾向也很严重，尽管认识了恶果也不与自己挂钩。他的万能感也许还很强大，虽然他明白了有害后果不可避免，但心中还是暗暗认为，他有办法避开。他的理想化意象可能还很刻板，所以他无法接受自己的任何神经症态度或冲突。于是，他只会对自己生气，认为自己应该有能力克服这个困难，因为他已经意识到了问题所在。这是因为，有些因素遏制了患者对改变的要求。如果那些因素被忽视，分析师很容易把自己变成所谓的心理学狂，即为心理学而心理学。分析师促进患者接受自我，那自然是好的，即使冲突本身没有变化，患者也能感到舒缓，并开始希望摆脱自己身处的迷网。一旦形成了这些有利的条件，患者的改变就指日可待了。

不用说，上述的讨论并不打算作为论述治疗技术的专著。我既不想讨论在这个过程中起恶化作用的因素，也不想包罗一切有疗效的因素。比如，我没有讨论患者把自己的防御性或攻击性带入与分析师的关系后，会产生怎样的利弊，尽管这是很有意义的一个问题。我所描述的那些步骤，只是每一次在新的倾向或冲突明显可见时必须经过的主要过程。通常不可能按顺序进行，因为即使某个问题显而易见，患者可能也看不到。就像我们前面那个关于患者自以为有权利这样那样的病例，一个问题只会暴露出另一个问题，而后一个问题又必须先分析，要最终每一个步骤都完成，顺序就不那么重要了。

因分析而引起的症状改变，自然会因所处理的主题不同而变化。一旦患者认识到自己无意识的愤怒及其产生的原因时，他的惊恐会大大减弱。当他看到自己陷入困境时，抑郁状态就可能消散。但每一次做得好的分析，还会给患者在对他人和自己的态度上带来一定的改变，无论修通的问题是什么。如果我们要解决一些不同的问题，比如过分强调性、相信现实会如自己所愿和对压迫过于敏感，我们就会发现，对它们的分析同样会影响整个人格。无论分析是哪一种问题，患者通常表现出的无助、敌意和恐惧与自我和他人的疏离等症状都会随之减轻。比如，让我们考虑这些病例中，对自我的疏离感是如何减轻的。一个对性问题过分强调的人，只是在性生活和性狂热中才会感到自己是活人，他的得失都限制在性领域内，他觉得自己的唯一价值就在于性吸引力。只有明白了这种状态，他才会开始对生活的其他方面产生兴趣，并拯救自己。一个人觉得现实受限于自己想象中的规划，也就看不见自己是一个普通的人，他既看不到自己的局限，也看不到自己的实际能力。通过分析，他不再把自己的潜在可能当成是已经取得的成就，他不仅能正视，也能感觉到自己事实上怎么样了：对压迫极度敏感，觉察不到自己的渴望和信仰，还认为是别人在操控和强迫他。一旦分析了这种状态，他就会开始知道自己真正想要的是什么，因而有能力去追求自己的目标。

被压抑的敌对情绪，不管它的根源和种类是什么，在分析中最终都会突显出来，让患者感到烦躁不安。但是，随着某一种神经症态度的消失，这种敌意也会逐渐减弱。

敌意的缓和，主要是因为患者的无助感得到了改善。一个人越是强大，就越不会觉得被他人威胁。力量的增加有多种来源：他过去把重心放在别人身上，现在转移到了自己的内心。他感到自己更活跃，并开始树立一套自己的价值观，他会逐渐发掘出更大的力量。原来用于压抑自身的那部分能量得到了缓解，患者不再处于压抑中，不再被恐惧、自卑和绝望弄得身心俱疲。他不再盲目地服从、反抗或发泄施虐冲动，而是能在合理的基础上让步，从而变得更加坚定。

最后，由于旧的防御体系被摧毁，他会暂时感到焦虑，但随着每一步骤之后的改善，这种焦虑也会随之减弱。因为，患者不再像过去那样畏惧自己和他人。

这种改变的结果，总体来说就是患者对人和对己的关系得到改善。他不再那么孤立，随着他变得强大而不再那么有敌意，就这点来说，别人渐渐不再是需要他反抗、控制和逃避的威胁了。他能够对他们抱友善感了。随着他杜绝了外化作用，消除了自我鄙夷，他与自己的关系也大大改善了。

如果我们在分析中检查这些改变，就会看到产生原始冲突的那些状态都得到了改善。虽然在神经症的发展过程中，所有压力都变得剧烈，但治疗所完成的道路则刚好相反。患者过去要面临无助、恐惧、敌意和孤立，只好想办法应对，从而产生了那些态度。现在，那些态度越来越没有意义，也就逐渐被抛弃了。的确，如果一个人有能力在平等位置上满足他人，为什么要把自己抹杀或牺牲给那些自己讨厌的人呢？如果一个人内心感到足够安全，能与他人一起生活和奋斗而不用一直害怕被淹没，为什么还要对权力和名气贪得无厌呢？如果一个人有能力去爱，也不怕抗争，为什么还要焦虑不安地回避他人呢？

做这项工作需要时间，一个人纠缠得越严重，受到的阻碍越多，就需要越多的时间。人们都希望在短期内完成精神分析的治疗，这是可以理解的。我们很希望更多的人能从分析中得到好处，并认识到有益总好过无益。当然，神经症的严重程度不同，轻微的病例能在短期内见效。尽管某些短期精神疗法似乎很有希望，但不幸的是，许多尝试都是一厢情愿，不了解神经症中起作用的力量是何等的强大和顽固。对严重神经症来说，我认为，只有更好地理解神经症结构，从而在寻找解释时浪费更少的时间，才能缩短分析治疗的进程。

幸好，**分析法不是解决内心冲突的唯一途径。生活本身就是一个强有力的治疗者。任何类似的经历都可能导致人格的改变。**它可能是某个伟人鼓舞人心的事例；它可能是一个普通的悲剧，使患者与他人密切接触，从而脱离了自私的孤独；它可能是意气相投的交往，因而没必要操控或逃避他们。对于其他情况，神经症行为的后果可能非常严重，或反复出现，给患者的心灵留下深刻的印象，使他不再那么害怕和刻板。

然而，生活本身的疗愈作用不是我们关注的重点。我们无法为了适应某一个人的特定需要，去安排一场困难，设计一种友谊或宗教体验。生活是无情的治疗者，对一个患者有益的事件可能会毁掉另一个患者。更何况，我们已经看到，患者认识自己行为的后果并从中汲取教训的能力，是非常有限的。可以这样说，如果患者已经获得了从自己的经验中吸取教训的能力，即如果他能检查自己在所面临的困境中应当负有怎样的责任，并把这个认识用在生活中，那么分析工作就圆满结束了。

认识到冲突在神经症中的作用，并认识到它们可以被解决，我们就有必要重新界定精神分析治疗的目标。虽然许多神经症性质的失调都属于医学范畴，但把分析疗法的目标也归入医学领域却是错误的。由于很多“精神——心理”性疾病本质上都是人格内的冲突的最终表现，治疗的目标必须在人格的范畴内进行界定。

如此一来，我们就有了多种治疗目标。患者必须获得对自己承担责任的能力，也就是感觉自己主动活跃、在生活中有力量承担责任，敢作敢为，也能够面对自己行为的后果。同时，他对他人也必须承担责任，欣然接受义务并相信这些义务的价值，无论是对孩子、父母、亲友、同事、社区还是国家。

与之密切相关的是获得内心的独立，也就是既不蔑视他人的观点和信念，也不盲从。这意味着，要让患者能够树立自己的一套价值观，并将其运用到他的实际生活中。这包括在与他人相处时，尊重他人的个性和权益，从而真正实现的平等关系。这与真正的民主观念是一致的。

为了界定我们追求的目标，还可以用“感情的自发性”来表述，即一种感情的觉醒与生机，无论是爱与恨，还是喜怒哀乐。这包括表达能力和主动控制的能力。因为爱和友谊的能力非常重要，这里要特别指出，爱既不应是寄生般的依附，也不是虐待式的支配，而是像马克默雷所说的：“一种这样的关系，它本身就是目的。我们在这种关系中相互联系，因为对人来说与他人分享体验是再自然不过的；我们相互理解，在共同生活中发现快乐和满足，向对方表现和敞开我们自己的心扉。”

关于治疗目标的最全面的界定是：争取人格的整体性。也就是说，没有伪装，情感真诚，全身心投入自己的情感、工作和信念中。只有消除了冲突，才能实现这个目标。

这些目标不是随意的，它们之所以是有效的治疗目标，也并非仅仅因为它们与每个时代的智者所追求的理想相一致。但这并非偶然，因为精神健康的基础就是这些因素。我们提出这些目标是有理由的，因为在逻辑上，它们产生于我们对神经症致病因素的了解。

我们之所以敢于制定如此高的目标，在于我们相信人格是可以改变的。不仅只有儿童是可塑的，我们一切人都有能力改变自己，甚至是根本的改变。这一信念是有生活经验做支撑的。而分析法则是促进根本改变的一种强有力的手段，我们越能理解神经症中的动力，就越有可能产生想要的改变。

分析师和患者都不能完全达到这些目标。它们是我们为之奋斗的理想，其价值在于给我们的治疗和生活提供指导。如果对这些理想的意义认识不清，我们有可能用新的理想化意象取代旧的。我们也必须意识到，**心理医生并没有能力使患者变成一个毫无瑕疵的人，他只能帮助患者变得自由，从而自由地去争取那些理想。这意味着，给患者一个机会，让他变得更成熟，获得更大的发展。**